高等职业教育土木建筑类专业新形态系列教材

建筑构造与识图

张玫　夏磊　胡婧　编

机械工业出版社

本书以现行的相关国家标准和行业规范为基础，结合工程实例，系统介绍了民用与工业建筑的构造及识图方法。本书主要内容包括建筑概述，建筑竖向承载体系——基础与地下室，建筑竖向承载体系——墙体，建筑竖向承载体系的交通枢纽——楼梯、电梯与自动扶梯，建筑水平承载体系——楼板层与楼地面，建筑围护与装饰结构体系——屋顶，建筑围护与装饰结构体系——门窗，变形缝体系。

本书适用于高等职业院校土木建筑类专业的教学，还可用于建筑施工企业技术和管理人员自学和参考。

图书在版编目（CIP）数据

建筑构造与识图/张玫，夏磊，胡婧编. —北京：机械工业出版社，2024.1（2025.1重印）

高等职业教育土木建筑类专业新形态系列教材

ISBN 978-7-111-75176-2

Ⅰ.①建⋯ Ⅱ.①张⋯ ②夏⋯ ③胡⋯ Ⅲ.①建筑构造-高等职业教育-教材②建筑制图-识别-高等职业教育-教材 Ⅳ.①TU22②TU204

中国国家版本馆 CIP 数据核字（2024）第 016532 号

机械工业出版社（北京市百万庄大街 22 号　邮政编码 100037）

策划编辑：常金锋　　　　　　责任编辑：常金锋　陈将浪
责任校对：王荣庆　李　杉　　封面设计：王　旭
责任印制：常天培

北京机工印刷厂有限公司印刷

2025 年 1 月第 1 版第 2 次印刷

184mm×260mm · 9.25 印张 · 226 千字

标准书号：ISBN 978-7-111-75176-2

定价：35.00 元

电话服务　　　　　　　　　　网络服务

客服电话：010-88361066　　机　工　官　网：www.cmpbook.com
　　　　　010-88379833　　机　工　官　博：weibo.com/cmp1952
　　　　　010-68326294　　金　书　网：www.golden-book.com
封底无防伪标均为盗版　　机工教育服务网：www.cmpedu.com

前　言

"建筑构造与识图"是土木建筑类专业的专业基础课程，与生产实际有着十分密切的联系。学生通过学习能够掌握一般建筑的构造原理、基本构造方法并具备一定的建筑工程图纸识读和绘制能力。

本书在编写过程中坚持贯彻落实党的二十大精神进教材、进课堂、进头脑，以"推进职普融通、产教融合、科教融汇，优化职业教育类型定位"重要论述为依据，结合专业课程教学改革和土木建筑类专业岗位对从业人员知识、技能与素质的要求，对本书的知识体系进行了整体设计，符合新形势下职业院校学生的认知规律和职业成长规律。本书具有如下特点：

1. 依据行业发展，引用现行规范

本书根据《建筑结构制图标准》（GB/T 50105—2010）、《建筑制图标准》（GB/T 50104—2010）、《房屋建筑制图统一标准》（GB/T 50001—2017）、《混凝土结构工程施工规范》（GB 50666—2011）、《混凝土结构施工图平面整体表示方法制图规则和构造详图（现浇混凝土框架、剪力墙、梁、板）》（22G101—1）、《混凝土结构施工图平面整体表示方法制图规则和构造详图（现浇混凝土板式楼梯）》（22G101—2）、《混凝土结构施工图平面整体表示方法制图规则和构造详图（独立基础、条形基础、筏形基础、桩基础）》（22G101—3）等规范、图集进行编写。

2. 体例创新——采用单元化创新体例，体现产教融合、校企合作

本书为校企"双元"合作编写教材，企业专家从一线岗位出发，提炼实际工作需要，按照对"建筑构造与识图"课程的实际需求将全书分为 8 个单元，进而形成 38 个小节，每个单元开头的"学习目标"阐述了本单元的学习要求；末尾的"单元小结"帮助学生回忆本单元所学知识，"思考与练习"可使学生能够更好地掌握本单元的重点内容。

3. 立体开发——立体化教材建设，符合"互联网+职业教育"发展需求

本书以党的二十大报告中"推进教育数字化"的重要论述为依据，进行立体化教材建设，符合"互联网+职业教育"发展需求，本书配套有微课视频、电子课件等数字化资源，方便教师教学和学生学习。

本书由北京电子科技职业学院张玫、夏磊，吉林省经济管理干部学院胡婧编写。

由于编者水平有限，书中难免存在不足之处，恳请广大读者批评指正，在此谨表谢意。

编　者

微课视频清单

页码	名称	二维码	页码	名称	二维码
2	建筑物的分类		83	楼板(层)的类型	
9	地基补钎探		106	各种屋顶	
10	基础埋置深度及其影响因素		106	现代住宅建筑外墙与屋顶	
28	墙体的类型		107	屋顶排水	
28	建筑外墙保温施工		119	门窗的构造设计要求	
58	楼梯构造设计内容				

目 录

前言
微课视频清单
单元 1　建筑概述 ·· 1
1.1　初识建筑 ·· 1
1.2　房屋建筑的等级划分 ···························· 5
1.3　建筑标准化与建筑模数 ························ 7
单元小结 ··· 7
思考与练习 ·· 8

单元 2　建筑竖向承载体系——基础与
　　　　 地下室 ·· 9
2.1　初识地基与基础 ··································· 9
2.2　基础的类型和构造 ······························ 11
2.3　地下室 ··· 17
2.4　基础施工图识读 ································· 21
2.5　基础施工图识读训练 ·························· 25
单元小结 ·· 26
思考与练习 ··· 27

单元 3　建筑竖向承载体系——墙体 ··········· 28
3.1　初识墙体 ·· 28
3.2　块材墙、隔墙、隔断的构造 ················· 33
3.3　墙体细部构造 ····································· 39
3.4　墙面装饰的分类、作用及构造 ·············· 47
3.5　幕墙的分类与构造 ······························ 51
3.6　墙体识图训练 ····································· 54
单元小结 ·· 55
思考与练习 ··· 56

单元 4　建筑竖向承载体系的交通枢纽——
　　　　 楼梯、电梯与自动扶梯 ··············· 57
4.1　初识楼梯 ·· 57
4.2　钢筋混凝土楼梯的构造 ······················· 64
4.3　楼梯细部构造 ····································· 70
4.4　电梯及自动扶梯构造 ·························· 74
4.5　楼梯识图训练 ····································· 78
单元小结 ·· 80
思考与练习 ··· 80

单元 5　建筑水平承载体系——楼板层与
　　　　 楼地面 ······································· 81
5.1　初识楼板层 ··· 81
5.2　钢筋混凝土楼板构造 ·························· 84
5.3　楼地面 ··· 91
5.4　顶棚、阳台与雨篷构造 ······················· 96
5.5　楼板层与楼地面识图训练 ··················· 103
单元小结 ··· 104
思考与练习 ·· 105

单元 6　建筑围护与装饰结构体系——
　　　　 屋顶 ·· 106
6.1　初识屋顶与屋面 ································ 106
6.2　平屋顶 ·· 108
6.3　坡屋顶 ·· 110
6.4　屋顶识图训练 ···································· 111
单元小结 ··· 114
思考与练习 ·· 114

单元 7　建筑围护与装饰结构体系——
　　　　 门窗 ·· 116
7.1　初识门窗 ··· 116
7.2　门窗的构造 ·· 119
7.3　遮阳设施 ··· 127
7.4　门窗识图训练 ···································· 129
单元小结 ··· 130
思考与练习 ·· 130

单元 8　变形缝体系 ···································· 131
8.1　变形缝的概念与作用 ·························· 131
8.2　伸缩缝 ·· 133
8.3　沉降缝 ·· 135
8.4　抗震缝 ·· 136
8.5　后浇带 ·· 137
8.6　变形缝识图训练 ································ 138
单元小结 ··· 140
思考与练习 ·· 140

参考文献 ··· 142

单元 1

建筑概述

【学习目标】
◇ 掌握建筑物的分类。
◇ 了解房屋建筑的等级划分。
◇ 了解房屋建筑的构造组成；掌握建筑标准化和建筑模数的有关知识。

无论在城市还是在乡村，都可以见到各种各样的建筑物，为我们的生活、工作提供场所。建筑与我们的生活息息相关，密不可分。在学习本课程之初，需要先对建筑有一个初步的认识。

1.1 初识建筑

建筑是建筑物与构筑物的总称。建筑物是指供人们生活、学习、工作、居住以及从事生产和各种文化、社会活动的房屋，如住宅、学校、办公楼、影剧院、体育馆、工厂的车间等。构筑物是指人们一般不直接在其内部进行生产和生活的建筑，如水塔、烟囱、堤坝等。

1.1.1 建筑物的分类

1. 按使用性质分类

建筑物提供了人们生产和生活的各种场所，根据其使用性质，通常可分为生产性和非生产性建筑两大类。其中，生产性建筑可以根据生产内容划分为工业建筑、农业建筑；非生产性建筑可统称为民用建筑。

（1）工业建筑　工业建筑是指为工业生产服务的生产车间、辅助车间、动力用房、仓库等建筑。

（2）农业建筑　农业建筑是指供农业、牧业生产和加工用的建筑，如温室、畜禽养殖场、水产品养殖场、农畜产品加工厂、农产品仓库、农机修理厂（站）等。

（3）民用建筑　民用建筑按使用情况可以分为以下两种。

1）居住建筑。居住建筑主要是指为人们提供生活起居用途的建筑，如住宅、宿舍、公寓等。

2）公共建筑。公共建筑主要是指供人们进行各种社会活动的建筑，如生活服务性建筑、科研建筑、行政办公建筑、文教建筑、托幼建筑、医疗建筑、商业建筑、体育建筑、通信建筑、园林建筑、纪念建筑、观演建筑、展览建筑、旅馆建筑等。

2. 按建筑层数或总高度分类

一般来讲，建筑物按照层数或总高度不同可分为低层或多层建筑、高层建筑、超高层建筑。

（1）低层或多层建筑　建筑高度不大于27m的住宅建筑、建筑高度不大于24m的公共建筑及建筑高度大于24m的单层公共建筑为低层或多层建筑。

（2）高层建筑　建筑高度大于27m的住宅建筑和建筑高度大于24m的非单层公共建筑，且高度不大于100m的，为高层建筑。

（3）超高层建筑　建筑高度大于100m的建筑为超高层建筑。

建筑物的分类

3. 按结构类型分类

建筑物按结构类型分类的依据是承重构件所选用的材料、制作方式、传力方法等，一般分为如下四种。

（1）砖混结构　砖混结构的竖向承重构件一般采用烧结多孔砖或承重混凝土小砌块砌筑，水平承重构件一般为钢筋混凝土梁、板。这种结构一般用于多层建筑中。

（2）框架结构　框架结构利用钢筋混凝土或钢梁、钢板、钢柱形成骨架，构成结构的承重部分，墙体一般只起围护和分隔作用。这种结构可以用于多层和高层建筑中。

（3）剪力墙结构　剪力墙结构是指房屋的内、外墙都做成实体的钢筋混凝土墙体，由剪力墙承受竖向和水平作用。这种结构可以用于小开间的高层建筑中。

（4）特种结构　特种结构又称为空间结构，它包括壳体、网架、悬索和悬挑等结构形式。这种结构多用于大跨度的公共建筑中。

4. 按施工方法分类

建筑物按照施工方法可以分为以下三类。

（1）现浇、现砌式建筑　现浇、现砌式建筑是指主要构件在施工现场砌筑（如空心砖墙等）或浇筑（如钢筋混凝土构件等）的建筑物。

（2）预制装配式建筑　预制装配式建筑是指主要构件在工厂预制，然后在施工现场装配建造的建筑物。

（3）现浇、现砌式预制装配式建筑　现浇、现砌式预制装配式建筑是指一部分构件在现场浇筑或砌筑（多为竖向构件），一部分构件在工厂预制后在施工现场装配（多为水平构件）的建筑物。

【学习检测】

1. 按建筑物使用性质、层数或总高度不同，对身边至少3种建筑物进行分类，鼓励采用多种形式表示。（例如思维导图、小报、微视频等）。

2. 按建筑物结构类型的分类方法识别身边不同类型的建筑物（最少一种）。

1.1.2　房屋建筑的构造组成

如图1-1所示为民用建筑的构造组成。

(1) 基础　基础是建筑物下部的承重构件，其作用是承受建筑物的全部荷载，并将这些荷载传递给地基。对基础的要求是要坚固、稳定、耐久，能经受地下水的侵蚀，有足够的使用年限。

(2) 墙或柱　墙或柱是建筑物的承重与围护构件。作为承重构件，它们要承受屋顶和楼板传来的荷载，并将这些荷载传给基础；当然，可能还要承受一些水平方向的荷载。作为围护构件，其作用主要是抵御各种自然因素的影响与破坏，对墙体有保温、隔热和隔声等要求。

(3) 楼板　楼板是建筑中的水平承重构件，它要承受楼板上的家具、设备和人的荷载，并将这些荷载传给墙或柱。对楼板的要求是坚固、耐磨、防潮，并具有一定的保温性能。

(4) 楼梯或电梯　楼梯或电梯是多层建筑中的垂直交通设施，其作用是供人们平时上下楼层及紧急疏散时使用。

(5) 屋顶　屋顶是建筑物顶部的围护和承重构件，由屋面和屋面承重结构两部分组成。屋面抵御自然界雨、雪、太阳辐射等的侵袭，屋面承重结构主要承受建筑顶部荷载。

(6) 门窗　门的主要作用是提供建筑物室内外及不同房间之间的联系；窗的作用是采光和通风。门窗均属于非承重构件。门窗应具有保温、隔热、隔声等性能。

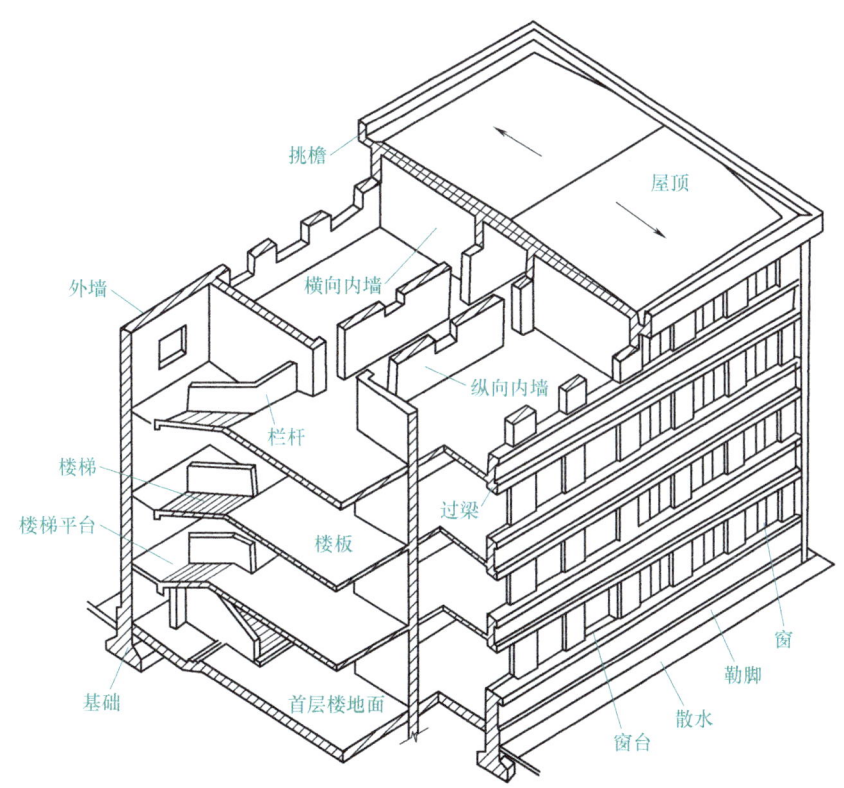

图 1-1　民用建筑的构造组成

建筑物的屋顶、楼地面、内外墙体、各种门窗、防护设施、阳台、雨篷、挑檐等综合起来构成一个建筑整体。本书将建筑构造体系划分为竖向承载体系、水平承载体系、建筑围护与装饰结构体系、变形缝体系四个体系。其中，竖向承载体系、水平承载体系是建筑安全的基础，建筑围护与装饰结构体系同设备等其他专业关系密切，变形缝体系是维持建筑整体的关键因素。

【学习检测】

1. 识读图 1-2 所示的一层平面图（对于识读平面图有困难的读者，也可以参照图 1-3 来理解）。

2. 有 BIM 知识基础的读者可以试着绘制图 1-2 一层三维图，如图 1-3 所示。

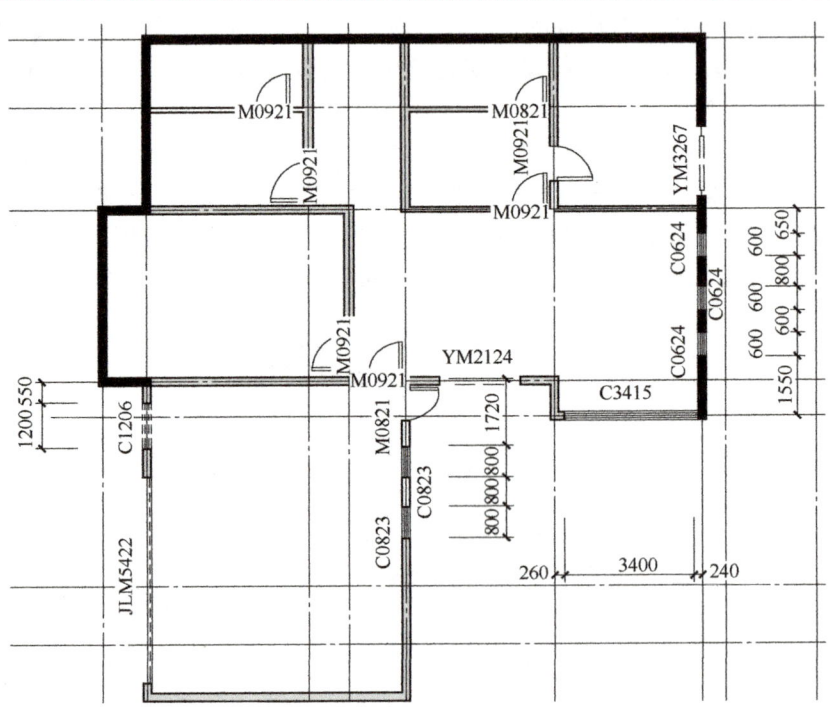

图 1-2 一层平面图

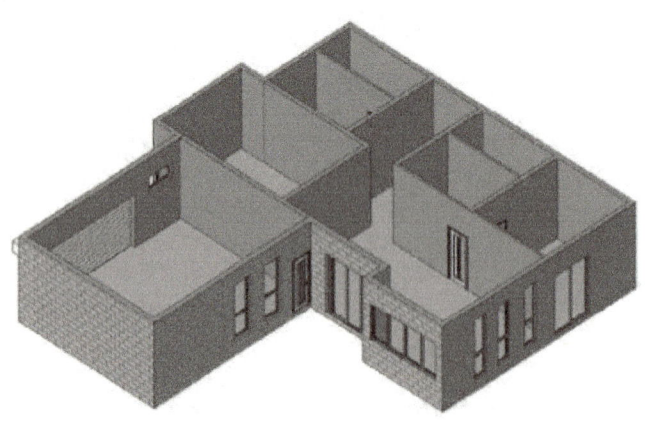

图 1-3 运用 BIM 绘制一层三维图

1.2 房屋建筑的等级划分

1. 耐久等级

建筑物的耐久等级主要根据建筑物的重要性和规模划分。耐久等级的指标是设计使用年限，按照《民用建筑设计统一标准》（GB 50352—2019）的规定，建筑物耐久等级见表 1-1。

表 1-1 建筑物耐久等级

耐久等级	设计使用年限/年	建筑物性质
1	5	临时性建筑
2	25	易于替换结构构件的建筑
3	50	普通建筑物和构筑物
4	100	纪念性建筑和特别重要的建筑

对于常见的混凝土建筑物，耐久等级是按照其使用寿命来划分的。达到使用寿命，是指在外界环境和各种因素作用下，混凝土建筑物的强度逐渐降低，直至不能满足应有的功能要求而失效。

提高混凝土建筑物耐久等级的措施：增加钢筋保护层厚度；提高混凝土等级，增大密实度；钢筋表面涂抹环氧树脂。

2. 耐火等级

耐火等级是衡量建筑物耐火程度的标准，它是由组成建筑物的构件的燃烧性能和耐火极限的最低值所决定的。划分建筑物耐火等级的目的在于根据建筑物的用途不同提出不同的耐火等级要求，做到既有利于结构安全、使用安全，又有利于节约建设投资。《建筑设计防火规范》（GB 50016—2014）将建筑物的耐火等级划分为四级，除该规范另有规定外，不同耐火等级建筑相应构件的燃烧性能和耐火极限不应低于表 1-2 的规定。

表 1-2 不同耐火等级建筑相应构件的燃烧性能和耐火极限 （单位：h）

构件名称		耐火等级			
		一级	二级	三级	四级
墙	防火墙	不燃性 3.00	不燃性 3.00	不燃性 3.00	不燃性 3.00
	承重墙	不燃性 3.00	不燃性 2.50	不燃性 2.00	难燃性 0.50
	非承重外墙	不燃性 1.00	不燃性 1.00	不燃性 0.50	可燃性
	楼梯间和前室的墙 电梯井的墙 住宅建筑单元之间的墙和分户墙	不燃性 2.00	不燃性 2.00	不燃性 1.50	难燃性 0.50
	疏散走道两侧的隔墙	不燃性 1.00	不燃性 1.00	不燃性 0.50	难燃性 0.25
	房间隔墙	不燃性 0.75	不燃性 0.50	难燃性 0.50	难燃性 0.25
柱		不燃性 3.00	不燃性 2.50	不燃性 2.00	难燃性 0.50
梁		不燃性 2.00	不燃性 1.50	不燃性 1.00	难燃性 0.50
楼板		不燃性 1.50	不燃性 1.00	不燃性 0.50	可燃性
屋顶承重构件		不燃性 1.50	不燃性 1.00	可燃性 0.50	可燃性
疏散楼梯		不燃性 1.50	不燃性 1.00	不燃性 0.50	可燃性
吊顶（包括吊顶搁栅）		不燃性 0.25	难燃性 0.25	难燃性 0.15	可燃性

注：1. 除《建筑设计防火规范》（GB 50016—2014）另有规定外，以木柱承重且墙体采用不燃材料的建筑，其耐火等级应按四级确定。
  2. 住宅建筑构件的耐火极限和燃烧性能可按现行国家标准《住宅建筑规范》（GB 50368—2005）的规定执行。

1）建筑构件的燃烧性能一般分为不燃性（砖石、混凝土、金属）、难燃性（沥青混凝土、板条抹灰墙）、可燃性（木柱、木梁、木吊顶）。

2）建筑构件的耐火极限是指按规定的火灾升温曲线对建筑物进行耐火试验，从受到火的作用时起，到房屋失去承载能力或产生穿透性裂缝或背火面的一面温度升到220℃时为止的时间，以小时为单位。

3）《建筑设计防火规范》（GB 50016—2014）对民用建筑之间的防火间距，以及不同耐火等级建筑的允许建筑高度或层数、防火分区最大允许建筑面积作了规定，分别见表1-3和表1-4。

表1-3　民用建筑之间的防火间距　　　　　　　　　　　　　　　　（单位：m）

建筑类别		高层民用建筑	裙房和其他民用建筑		
		一、二级	一、二级	三级	四级
高层民用建筑	一、二级	13	9	11	14
裙房和其他民用建筑	一、二级	9	6	7	9
	三级	11	7	8	10
	四级	14	9	10	12

注：1. 相邻两座单层、多层建筑，当相邻外墙为不燃性墙体且无外露的可燃性屋檐，每面外墙上无防火保护的门、窗、洞口不正对开设且该门、窗、洞口的面积之和不大于外墙面积的5%时，其防火间距可按本表的规定减少25%。

2. 两座建筑相邻较高一面外墙为防火墙，或高出相邻较低一座一、二级耐火等级建筑的屋面15m及以下范围内的外墙为防火墙时，其防火间距不限。

3. 相邻两座高度相同的一、二级耐火等级建筑中相邻任一侧外墙为防火墙，屋顶的耐火极限不低于1.00h时，其防火间距不限。

4. 相邻两座建筑中较低一座建筑的耐火等级不低于二级，相邻较低一面外墙为防火墙且屋顶无天窗，屋顶的耐火极限不低于1.00h时，其防火间距不应小于3.5m；对于高层建筑，不应小于4m。

5. 相邻两座建筑中较低一座建筑的耐火等级不低于二级且屋顶无天窗，相邻较高一面外墙高出较低一座建筑的屋面15m及以下范围内的开口部位设置甲级防火门、窗，或设置符合现行国家标准《自动喷水灭火系统设计规范》（GB 50084—2017）规定的防火分隔水幕或《建筑设计防火规范》（GB 50016—2014）第6.5.3条规定的防火卷帘时，其防火间距不应小于3.5m；对于高层建筑，不应小于4m。

6. 相邻建筑通过连廊、天桥或底部的建筑物等连接时，其间距不应小于本表的规定。

7. 耐火等级低于四级的既有建筑，其耐火等级可按四级确定。

表1-4　不同耐火等级建筑的允许建筑高度或层数、防火分区最大允许建筑面积

名称	耐火等级	允许建筑高度或层数	防火分区的最大允许建筑面积/m²	备注
高层民用建筑	一、二级	按《建筑设计防火规范》（GB 50016—2014）第5.1.1条确定	1500	对于体育馆、剧场的观众厅，防火分区的最大允许建筑面积可适当增加
单、多层民用建筑	一、二级	按《建筑设计防火规范》（GB 50016—2014）第5.1.1条确定	2500	
	三级	5层	1200	—
	四级	2层	600	
地下或半地下建筑（室）	一级	—	500	设备用房的防火分区最大允许建筑面积不应大于1000m²

注：1. 表中规定的防火分区最大允许建筑面积，当建筑内设置自动灭火系统时，可按本表的规定增加1.0倍；局部设置时，防火分区的增加面积可按该局部面积的1.0倍计算。

2. 裙房与高层建筑主体之间设置防火墙时，裙房的防火分区可按单、多层建筑的要求确定。

1.3 建筑标准化与建筑模数

1. 建筑标准化

（1）建筑标准化的定义　建筑标准化是指通过确定设计规范、技术规范和施工规范来提高建筑的质量和安全性，并有效地节约人力、物力和财力，优化住房环境。

（2）建筑标准化的内容　建筑标准化是建筑工业化的组成部分之一，同时也是建筑工业化的前提。建筑标准化一般包括两方面内容：一方面是建筑设计的标准，如建筑法规、建筑设计规范、建筑标准、定额及技术经济指标等；另一方面是建筑的标准设计，包括构配件的标准设计、房屋的标准设计和工业化建筑体系设计等。

2. 建筑模数

建筑模数是选定的标准尺寸单位，作为尺度协调中的增值单位，也是建筑设计、建筑施工、建筑材料与制品、建筑设备、建筑组合件等各部分进行尺度协调的基础，其作用是使构配件安装匹配，并有互换性。在建筑设计和施工中，建筑模数的主要参考规范是《建筑模数协调标准》（GB/T 50002—2013）。

建筑模数分为基本模数和导出模数。基本模数用 M 表示（1M 等于 100mm）。整个建筑物和建筑物的一部分以及建筑部件的模数化尺寸，应是基本模数的倍数。导出模数应分为扩大模数和分模数，其基数应符合下列规定：扩大模数基数应为 2M、3M、6M、9M、12M…；分模数基数应为 M/10、M/5、M/2。

制定建筑模数协调统一标准的意义如下。

1）建筑制品、建筑构配件和组合件可实现工业化大规模生产。

2）使不同材料、不同形式和不同制造方法的建筑构配件、组合件符合模数要求，并具有较大的通用性和互换性。

3）加快设计速度，提高施工质量和效率，降低建筑造价。

【学习检测】

1. 查阅资料，举例说明身边某公共建筑物的耐久等级，以及其中 3 个构件的耐火等级。
2. 阐述建筑标准化的主要内容。

单元小结

1）建筑物为人们提供了生产和生活的各种场所。

2）建筑物可以按使用性质、建筑层数或总高度、结构类型以及施工方法分类。

3）房屋建筑按耐久等级分为四个等级，按耐火等级分为四个等级。

4）建筑标准化是建筑工业化的前提，它包括两方面内容：一方面是建筑设计的标准；另一方面是建筑的标准设计。

思考与练习

一、填空题

1. 建筑物的耐久等级分为_____个等级。耐久等级为2级的建筑物,其设计使用年限为_____年。
2. 建筑按层数或总高度分为_____建筑、_____建筑和_____建筑。
3. 一般民用建筑由基础、_____、_____、_____、_____和门窗组成。
4. 建筑物按使用性质不同可分为_____和_____两大类。

二、选择题

1. 下列属于中高层建筑的是（　　）。
   A. 9层住宅　　　B. 10层办公楼　　　C. 单层体育训练馆　　　D. 16m高4层写字楼
2. 我国建筑模数中规定的基本模数是（　　）mm。
   A. 10　　　B. 100　　　C. 300　　　D. 600
3. 沥青混凝土构件的燃烧性能属于（　　）。
   A. 不燃性　　　B. 可燃性　　　C. 难燃性　　　D. 易燃性
4. 组成房屋承重构件的有（　　）。
   A. 屋顶、门窗、墙（柱）、楼板　　　B. 屋顶、楼板、墙（柱）、基础
   C. 屋顶、楼梯、门窗、基础　　　D. 屋顶、门窗、楼板、基础
5. 生产性建筑可以根据生产内容不同划分为（　　）和（　　）；非生产性建筑可统称为（　　）。
   ①工业建筑　②公共建筑　③民用建筑　④农业建筑
   A. ①②③　　　B. ②③④　　　C. ①③④　　　D. ①②④

单元 2

建筑竖向承载体系——基础与地下室

【学习目标】
◇ 了解地基与基础的概念。
◇ 掌握地基与基础的要求。
◇ 掌握基础的类型与构造。
◇ 掌握地下室的构造组成以及防潮、防水做法。

高层建筑的受力复杂，对基础的强度、刚度和稳定性要求比较严格。地基和基础是地下的隐蔽工程，一旦发生事故，就会造成灾难性的后果。因此，掌握基础和地下室的构造及设计、施工要求十分重要。

2.1 初识地基与基础

2.1.1 地基与基础的定义

地基是基础下面直接承受荷载的土层或岩层，荷载应力和应变随土层深度的增加而减小。地基一般包含持力层和下卧层，如图 2-1 所示。

基础是建筑物最下部的承重构件，承受着建筑的全部荷载，并把这些荷载连同基础本身的重量传给地基，如图 2-1 所示。

2.1.2 地基的分类

1. 天然地基

天然土层具有足够的承载力，不需要进行人工加固，可直接在其上建造房屋的地基称为天然地基。

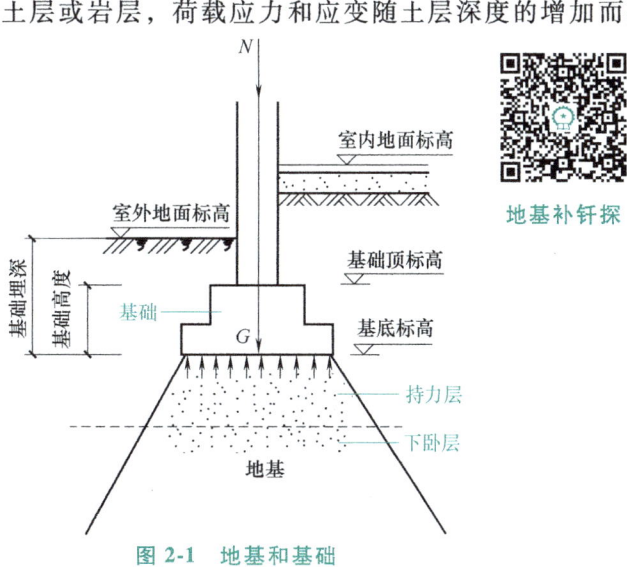

图 2-1 地基和基础

2. 人工地基

当土层的承载力较差或虽然土层较好，但上部荷载很大时，为使地基具有足够的承载力，可对土层进行加固，这种经人工处理的土层称为人工地基。人工加固地基的方式如下。

（1）压实法　压实法是指用各种机械对土层进行夯打、碾压、振动，以此来压实松散土的方法。

（2）换土　当地基土比较软弱（或部分土比较软弱），不能满足上部荷载对地基的要求时，可将软弱土层全部挖去，换成其他较坚硬的土层。

（3）桩基法　当建筑物荷载较大、建筑物很高而地基土层很弱，地基承载力不能满足要求时，可采用桩基法。

2.1.3　对地基与基础的要求

1. 对地基的要求

1）建筑物的建造地址应尽可能选择在地基情况较好的地段。
2）地基的承载力要力求均匀。
3）地基应有较好的持力层和下卧层。
4）尽可能采用天然地基。

2. 对基础的要求

1）基础应具有足够的强度和稳定性。
2）基础应有足够的承载力来支承上部建筑物的荷载。
3）基础应具有良好的排水性能。

2.1.4　基础的埋置深度及其影响因素

基础埋置深度及其影响因素

1. 基础的埋置深度

基础的埋置深度一般是指基础底面到室外设计地面的距离，简称基础埋深，如图 2-2 所示。对于地下室，当采用箱形基础或筏形基础时，基础埋置深度自室外地面标高算起；当采用独立基础或条形基础时，应从室内地面标高算起。基础埋置深度不超过 5m 时为浅基础，超过 5m 时为深基础。

2. 影响基础埋置深度的因素

影响基础埋置深度的因素有建筑物的用途、类型、荷载大小、荷载性质、工程地质条件和水文地质条件、土层冻结深度、建筑自身特性等，设计时应综合考虑。其中，工程地质条件对基础设计方案起着决定性的作用。通常把直接支承基础的土层称为持力层，其下的土层称为下卧层。为了满足建筑物对地基承载力

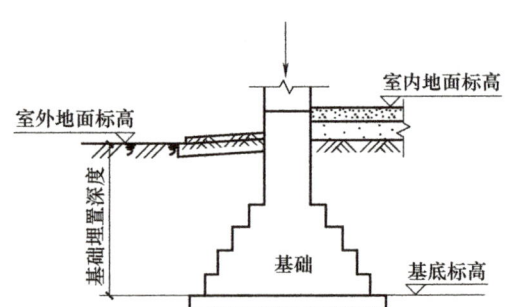

图 2-2　基础的埋置深度

和地基变形的要求，应当选择压缩性小、承载力高的坚实土层作为地基持力层，由此确定基础埋置深度。在实际工程中，应根据岩土工程勘察报告的地质剖面图分析各土层的深度、层厚、地基承载力大小与压缩性，结合上部结构情况进行技术与经济比较，从而确定最佳的基

础埋深方案。

（1）作用在地基上的荷载对基础埋置深度的影响　荷载有恒荷载和活荷载两种，其中由恒荷载引起的沉降量较大，因此当恒荷载较大时，基础埋置深度应加深一些。荷载按作用方向不同分为竖向荷载和水平荷载，当基础要承受较大的水平荷载时，为保证结构的稳定性，也常常要加大埋置深度。

（2）工程地质条件和水文地质条件对基础埋置深度的影响　基础要设置在坚实的土层上，不能设置在淤泥等软弱土层上。基础最小埋置深度不小于0.5m。应根据当地的最高地下水位和最低地下水位选择基础埋置深度。一般宜将基础埋在最高地下水位之上，因为地下水会使土的强度下降，同时会使基础下沉，而且化学污染还会使基础受到侵蚀。当基础必须埋在最高地下水位以下时，应将基础埋置在最低地下水位以下不小于200mm处，如图2-3所示。

（3）土层冻结深度对基础埋置深度的影响　应根据当地的气候条件了解土层的冻结深度。一般将基础底面设在当地冰冻线以下至少200mm处（图2-4），否则冬天土层的冻胀力会把房屋拱起，产生变形；天气回暖后，冻土解冻又会使房屋下沉。岩石类、粗砂类、中砂类土质受冰冻影响不大。

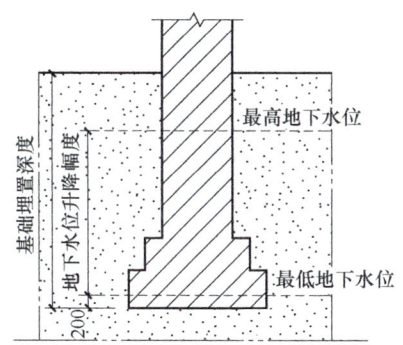
图2-3　基础埋置深度和地下水位的关系

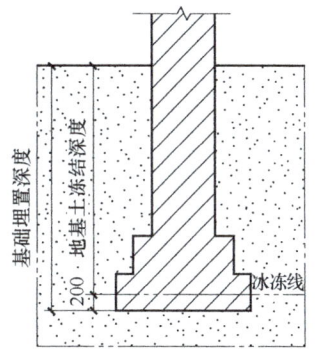
图2-4　基础埋置深度和土层冻结深度的关系

（4）建筑自身特性对基础埋置深度的影响　当建筑物设有地下室、地下管道或设备基础时，需要将基础局部或整体加深。为了保证基础不露出地面，一般要求基础顶面到室外地面的距离不得小于100mm。

【学习检测】

1. 查阅资料并结合学习内容，比较人工地基和天然地基的优劣。
2. 绘制基础埋置深度示意图。

2.2　基础的类型和构造

2.2.1　基础的类型

基础的类型与建筑物的上部结构形式、荷载大小、地基的承载力以及基础材料的性能有关。

基础按受力特点不同分为刚性基础和柔性基础；按所用材料不同分为砖基础、毛石基础、混凝土基础、钢筋混凝土基础等；按构造形式不同分为独立基础、条形基础、井格基础、筏形基础、箱形基础和桩基础等。

1. 按构造形式分类

（1）独立基础　当建筑物为柱承重而且柱距较大时，宜采用独立基础，如图 2-5 所示。

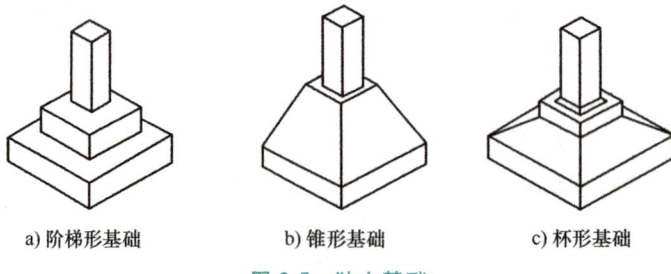

图 2-5　独立基础

（2）条形基础　在连续的墙下或密集的柱下，宜采用条形基础，如图 2-6 所示。

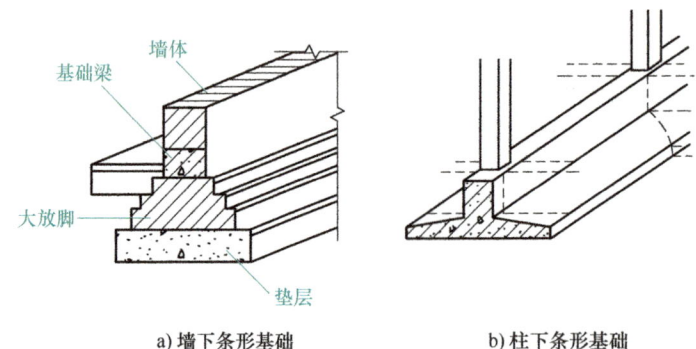

图 2-6　条形基础

（3）井格基础　在地基条件较差的情况下，为提高建筑物的整体性，避免各承重柱产生不均匀沉降，一般会将柱下基础沿纵、横方向连接起来，形成十字交叉状的井格基础，如图 2-7 所示。

（4）筏形基础　当建筑物上部荷载较大，地基又较弱时，简单的条形基础或井格基础已经不能适应地基的变形需求，此时通常将墙和柱下基础连成一片，使建筑物的荷载施加在一块整板上，形成筏形基础，如图 2-8 所示。筏形

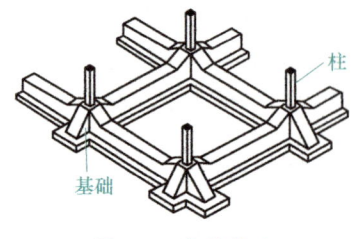

图 2-7　井格基础

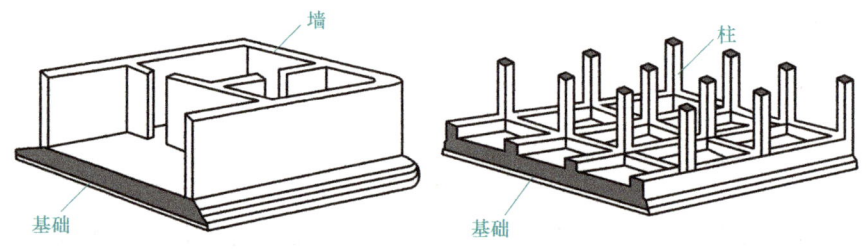

图 2-8　筏形基础

基础按结构形式不同分为板式结构基础和梁板式结构基础两类。

（5）箱形基础 为了增大基础的刚度，可将地下室的底板、顶板和墙浇制成整体的箱形基础（图2-9）。箱形基础具有较大的强度和刚度，能抵抗地基的不均匀沉降，并有良好的抗震作用，多用于高层建筑。

（6）桩基础 当建筑物荷载较大，地基的软弱土层厚度在5m以上，基础不能埋在软弱土层内时，可采用桩基础。桩基础由桩和承接上部结构的承台（梁或板）组成，如图2-10所示。

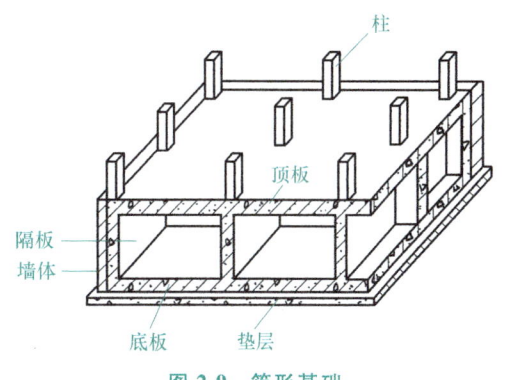

图2-9 箱形基础

桩基础按受力性能不同可分为端承桩和摩擦桩两种，如图2-11所示。端承桩是将建筑物的荷载通过桩端传给坚硬土层，而摩擦桩是通过桩侧表面与周围土壤的摩擦力将建筑物的荷载传给地基。目前，采用较多的是钢筋混凝土桩，包括预制桩和灌注桩两大类。

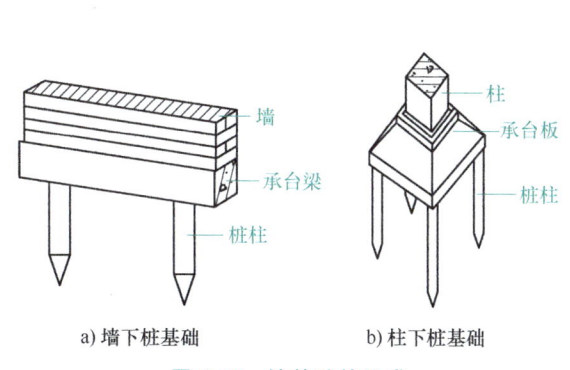

图2-10 桩基础的组成

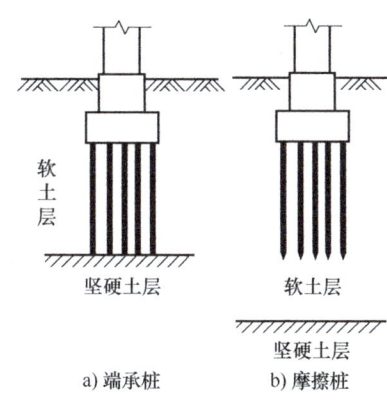

图2-11 桩基础的类型

2. 按受力特点分类

（1）刚性基础 由刚性材料制作的基础称为刚性基础，主要承受压应力。刚性材料是指抗压强度高而抗拉和抗剪强度低的材料，如砖、石、灰土、素混凝土等材料。用这类材料制作基础，当拉应力超过材料的抗拉强度时，基础底面将因受拉而开裂，造成基础破坏。因此，刚性基础的设计重点是消除拉应力。刚性基础多用于地基承载力较大的低层和多层建筑。

（2）柔性基础 当建筑物的荷载较大而地基承载能力较小时，基础底面需要加宽，如果只采用混凝土材料制作基础，就需要加大基础的深度，这样会显著增加成本。如果在混凝土底部配上钢筋来承受拉应力，那么基础底部就能够承受较大的弯矩，基础宽度就不受刚性角的限制，所以一般将钢筋混凝土扩展基础称为非刚性基础或柔性基础（图2-12）。柔性基础适用于荷载较大的多层和高层建筑。

2.2.2 刚性基础构造

1. 刚性角

在刚性基础中，压力角的极限值称为刚性角 α，即

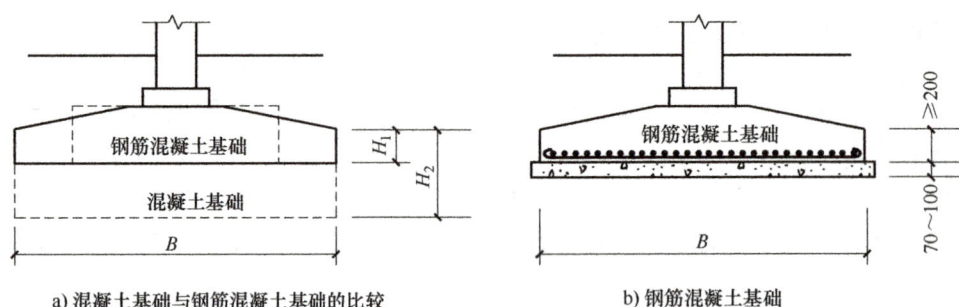

a) 混凝土基础与钢筋混凝土基础的比较　　b) 钢筋混凝土基础

图 2-12　柔性基础

$$\tan\alpha = \frac{l}{H_0} \leqslant \left[\frac{l}{H_0}\right]$$

式中　l——墙、柱边到基础边缘的距离；

　　　H_0——基础高度。

2. 刚性基础尺寸要求

如图 2-13 所示，为了保证基础底面控制在刚性角限定的范围内，刚性基础底面宽度应符合下式要求：

$$b \leqslant b_0 + 2H_0 \tan\alpha$$

式中　b——基础底面宽度；

　　　b_0——基础顶面的砌体宽度；

　　　H_0——基础高度；

　　　$\tan\alpha$——基础台阶宽高比的允许值，按表 2-1 确定。

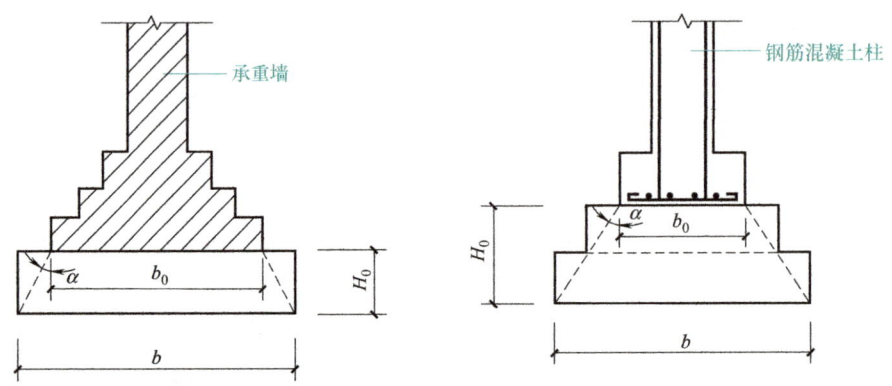

图 2-13　刚性基础构造示意

表 2-1　刚性基础台阶宽高比的允许值

基础材料	质量要求	刚性基础台阶宽高比的允许值		
		$p_k \leqslant 100$	$100 < p_k \leqslant 200$	$200 < p_k \leqslant 300$
混凝土基础	C15 混凝土	1∶1.00	1∶1.00	1∶1.25
毛石混凝土基础		1∶1.00	1∶1.25	1∶1.50
砖基础	MU10 砖、M5 砂浆	1∶1.50	1∶1.50	1∶1.50
毛石基础	M5 砂浆	1∶1.25	1∶1.50	—

（续）

基础材料	质量要求	刚性基础台阶宽高比的允许值		
		$p_k \leq 100$	$100 < p_k \leq 200$	$200 < p_k \leq 300$
灰土基础	体积比为3:7或2:8的灰土，最小密度（重力密度）：粉土为15.5N/m³；粉质黏土为15.0N/m³；黏土为14.5 N/m³	1:1.25	1:1.50	—
三合土基础	体积比为1:2:4~1:3:6（石灰：砂：集料），每层约虚铺220mm,再夯至150mm	1:1.50	1:2.00	—

注：1. p_k 为荷载效应标准组合时基础底面处的平均压力值（kPa）。
  2. 阶梯形毛石基础的每阶伸出宽度不宜大于200mm。
  3. 当基础由不同材料叠合组成时，应对接触部分作抗压验算。
  4. 对混凝土基础，当基础底面处的平均压力值超过300kPa时，应进行抗剪验算。

一般刚性角用基础台阶的宽度与高度的比值来表示，不同材料和不同基底压力应选择不同的宽高比。

3. 刚性基础的类型

常见的刚性基础主要有砖基础、混凝土基础、毛石基础、毛石混凝土基础等。

（1）砖基础 用烧结普通砖砌筑的基础称为砖基础，一般采用台阶式逐级放大形成大放脚。为满足基础刚性角的限制要求，台阶的宽高比应不大于1:1.5；砌筑前，基槽底面要铺设50mm厚的砂垫层。砖基础砌筑时采用的"两皮一收"砌法是指每砌两层砖，两边各收四分之一砖长；"二一间隔收"砌法是指每砌两层砖，两边各收四分之一砖长，再砌一层砖，两边各收四分之一砖长，如图2-14所示。

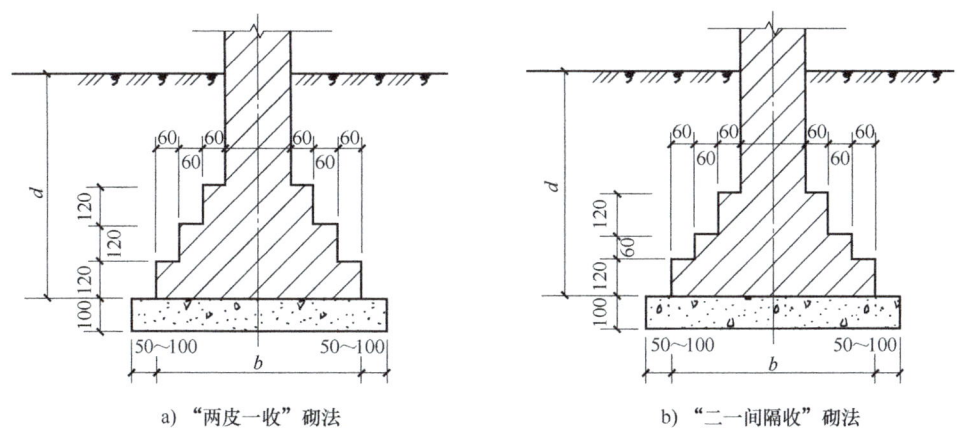

图 2-14 砖基础不同砌法的结构

砖基础具有取材容易、材料价格低、施工简单的优点；缺点是砖的强度、耐久性、抗冻性和整体性均较差，只适合于地基土质较好、地下水位较低、五层以下的砖木结构或砖混结构。

（2）混凝土基础 混凝土基础的抗压强度、耐久性、抗冻性比砖基础更好，且便于机械化施工；但水泥用量较大，造价较高，且需要支模板，多用于地下水位以下的基础。为了节约水泥用量，可以在混凝土中掺入不超过基础体积 20%～30% 的毛石，制成毛石混凝土基础。

2.2.3 柔性基础（钢筋混凝土扩展基础）构造

当不便于采用刚性基础或采用刚性基础不经济时，可以采用柔性基础（钢筋混凝土扩展基础）。墙下钢筋混凝土条形基础和柱下钢筋混凝土独立基础就是将由块石、砖、混凝土或钢筋混凝土制成的截面适当扩大，以满足地基允许承载力要求或变形要求，这类基础统称为柔性基础。

柔性基础的抗弯和抗剪性能较好，可在竖向荷载较大、地基承载力不大的情况下使用。该类基础的高度不受台阶宽高比的限制，其高度比刚性基础小，适合于"宽基浅埋"的情况。例如，有些建筑场地浅层土的承载力较大，即浅层土是具有一定厚度（或强度）的"硬壳层"，而在该硬壳层下，土层的承载力较小，当要利用该硬壳层作为持力层时，可考虑采用柔性基础。

1. 墙下钢筋混凝土条形基础

墙下钢筋混凝土条形基础是砌体承重结构墙体及挡土墙、涵管下常用的基础形式，其构造如图 2-15 所示。当地基不均匀或承受荷载有差异时，为了增强基础的整体性和抗弯能力，可以采用有肋的墙基础，如图 2-15b 所示，此时应配置足够的纵向钢筋和箍筋。墙下钢筋混凝土锥形基础的边缘高度不宜小于 200mm；墙下钢筋混凝土阶梯形基础的每阶高度宜为 300～500mm。墙下钢筋混凝土条形基础垫层的厚度不宜小于 70mm，工程上常为 100mm，垫层混凝土强度等级宜取 C15。墙下钢筋混凝土条形基础底板受力钢筋的直径不宜小于 10mm；间距不宜大于 200mm，也不宜小于 100mm。墙下钢筋混凝土条形基础纵向分布钢筋的直径不小于 8mm，间距不大于 300mm，每延米分布钢筋的面积应不小于受力钢筋面积的 1/10。当有垫层时，钢筋保护层的厚度不小于 40mm，无垫层时不小于 70mm。

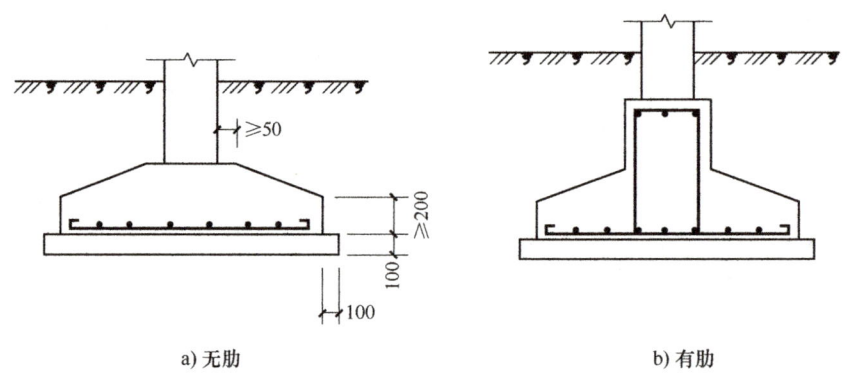

a) 无肋　　b) 有肋

图 2-15　墙下钢筋混凝土条形基础

2. 柱下钢筋混凝土独立基础

桥梁中的桥墩、建（构）筑物中的柱下常采用钢筋混凝土独立基础。柱下钢筋混凝土独立基础的构造如图 2-16 所示，其中图 2-16a、b 是现浇柱基础，图 2-16c 是预制柱基础（杯口基础）。预制柱基础的杯口深度、杯底厚度、杯壁厚度及配筋可参考有关规范。

单元2 建筑竖向承载体系——基础与地下室

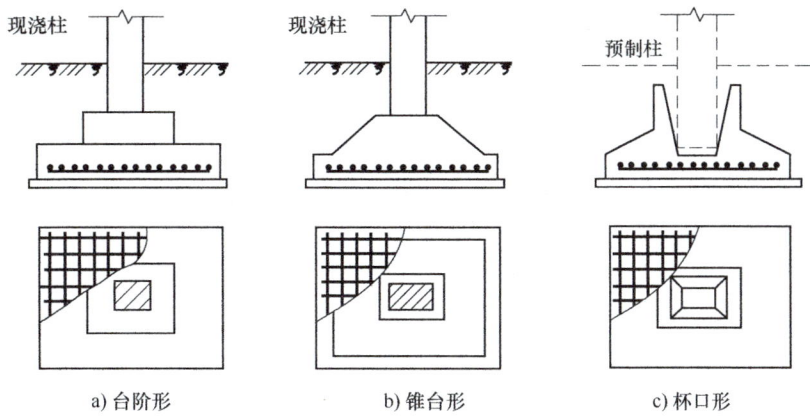

图 2-16 柱下钢筋混凝土独立基础

【学习检测】

1. 对刚性基础、柔性基础的特点进行比较。
2. 绘制基础分类思维导图。

2.3 地下室

地下室是建筑物设在首层以下的房间,一般由墙身、底板、顶板、门窗、楼梯和采光井等组成。地下室能够使建筑物在有限的占地面积内增加使用空间,提高建设用地的利用率,如图 2-17 所示。

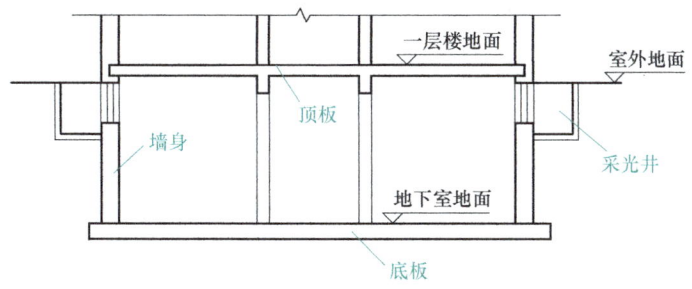

图 2-17 地下室组成

2.3.1 地下室类型

1)地下室按埋入地下的深度不同分为全地下室和半地下室。全地下室是指地下室地面低于室外地坪的高度超过该房间净高的1/2的地下室;半地下室是指地下室地面低于室外地坪的高度为该房间净高的1/3~1/2的地下室,如图 2-18 所示。

2)地下室按使用性质不同分为普通地下室和人防地下室。普通地下室是指普通地下空间;人防地下室是指有人民防空要求的地下空间,可以防范现代战争中冲击波、早期核辐射、化学毒气及地面建筑倒塌等给人带来的危险。

3）地下室按结构材料不同分为砖墙地下室和混凝土地下室。

2.3.2 地下室防潮

当地下室的常年设计水位和最高地下水位均低于地下室地面标高时，地下室的墙体和底板只受地面潮气的影响，即只受下渗的地面水和上升的毛细管水等无压水的影响。这时，只需要对地下室的墙体和地面做防潮处理。

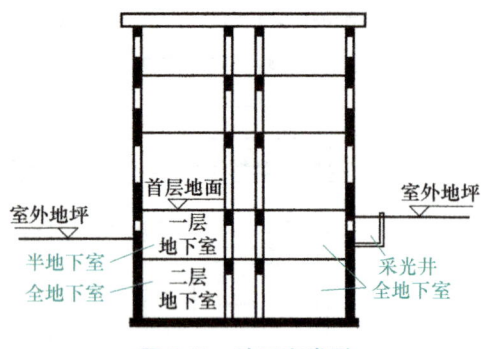

图 2-18 地下室类型

1. 墙体防潮

当墙体为混凝土或钢筋混凝土结构时，由于其本身的憎水性，结构具有较强的防潮作用，因此可不必再做防潮层。当采用砖砌或石砌墙体时，墙体必须先用强度等级不低于 M5 的水泥砂浆砌筑，且灰缝应饱满，然后对地下室外墙做水平和竖直方向的防潮处理。地下室墙体防潮构造如图 2-19a 所示。

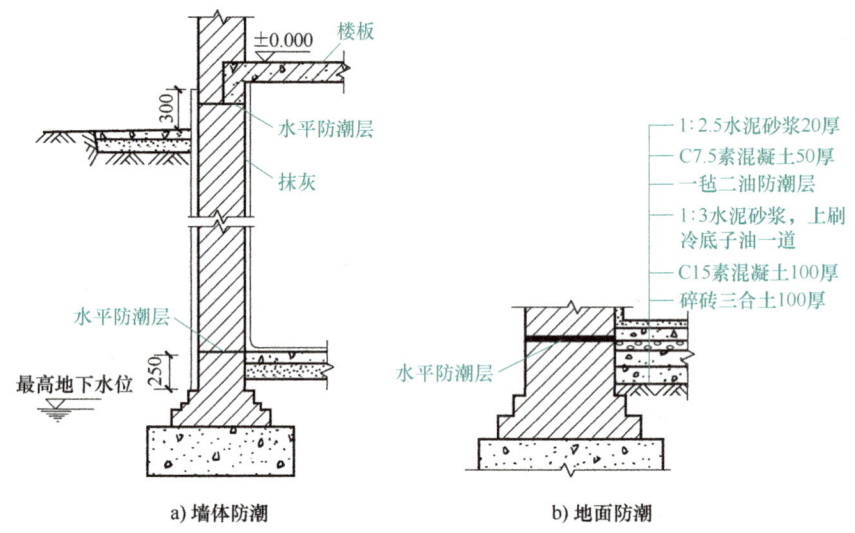

图 2-19 地下室防潮处理

1）垂直防潮层。垂直防潮层施工时，先在墙外表面抹 20mm 厚水泥砂浆找平层，再涂一道冷底子油和两道热沥青，也可用乳化沥青或合成树脂防水涂料。垂直防潮层的高度应超出室外散水一层砖的高度。然后在垂直防潮层外侧回填低渗透性土壤，如黏土、灰土等，并逐层夯实。土层宽度为 500mm 左右，以防地表水下渗，引起渗漏。

2）水平防潮层。水平防潮层有两道：一道是在外墙与地下室地面的交界处，以防止土层中潮气因毛细管作用从基础侵入地下室；另一道是外墙与最底层地面的交界处，用以阻止潮气从地下室墙身和勒脚处侵入地下室或上部结构。

2. 地面防潮

对于地下室地面的防潮，一般主要借助于混凝土材料的憎水性能，但当地下室的防潮要求较高时，其地面也应做防潮处理。地面防潮的防潮层一般设在垫层与地面面层之间，且与墙身水平防潮层在同一水平面上。地下室地面防潮构造如图 2-19b 所示。

2.3.3 地下室防水

当最高地下水位高于地下室地面时,地下室的底板和部分外墙将浸在水中,此时地下室外墙受到地下水的侧压力,地面受到水的浮力的影响,因此必须对地下室外墙和地面做防水处理,并把防水层连贯起来。

地下室防水的具体方案和构造措施有很多种,常见的有隔水法、降排水法以及综合防水法三种。

1. 隔水法

隔水法是指利用材料的不透水性来隔绝地下室外围水及毛细管水的渗透的防水方法。

隔水法是地下室防水采用最多的一种方法,又分为材料防水和构件自防水两种形式。

(1) 材料防水 材料防水是指在地下室外墙与底板表面铺设防水材料,利用材料的高效防水特性阻止水的渗入。常用的材料防水有卷材防水、涂料防水和水泥砂浆防水。

1) 卷材防水。卷材防水能够适应结构的微量变形和抵抗地下水中侵蚀性介质的作用,是一种比较可靠的防水做法。卷材防水可按防水卷材铺贴的位置不同分为外包防水和内包防水。

① 外包防水(图 2-20a):外包防水是将防水材料贴在迎水面,即地下室外墙的外表面,这种做法防水效果好,应用较多;但维修困难,难以查找漏水处。施工时,先在地下室外墙的外侧涂抹 20mm 厚的水泥砂浆找平层,并刷一道冷底子油;再根据地下水的水头选定防水卷材的层数,按一层沥青胶、一层卷材的顺序粘贴。卷材从地下室地面处包过来,再沿墙身由下而上连续密封粘贴。按工程要求,防水层应高出最高地下水位 500~1000mm。卷材防水层以上的地下室侧墙(直至室外散水处)应抹水泥砂浆,再涂两道热沥青。垂直防水层外侧应砌一道 1/2 砖厚的保护墙。保护墙与垂直防水层之间用水泥砂浆填实,保护墙下应干铺一层卷材,再沿保护墙的长度方向上每隔 5~8m 设一道通高的垂直缝,以使保护墙在土压和水压的作用下紧紧压向防水层。

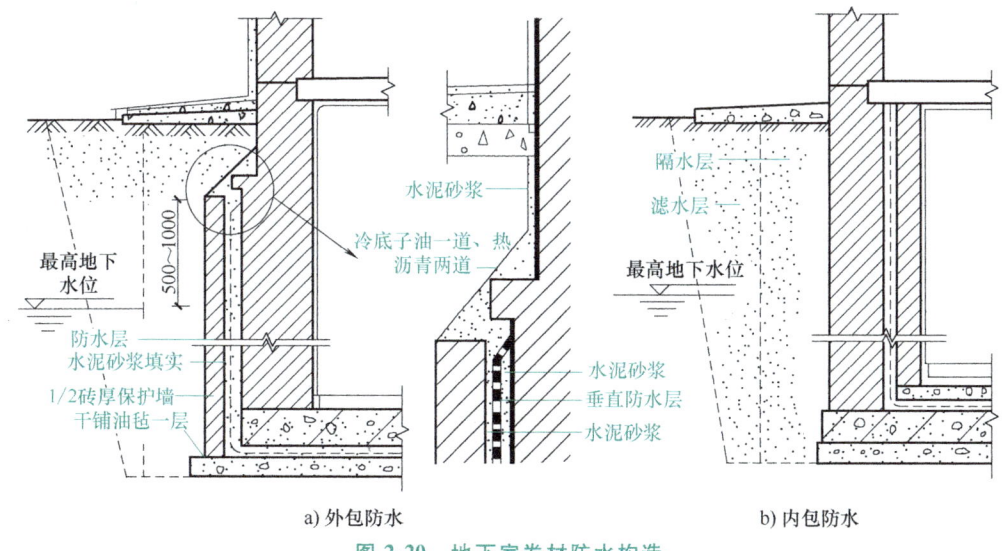

图 2-20 地下室卷材防水构造
a) 外包防水　b) 内包防水

② 内包防水（图 2-20b）：内包防水是将防水材料贴于地下室外墙的内表面。内包防水便于施工、维修；但防水效果较差，较少使用，一般用于修缮工程，新建工程不宜采用。

2）涂料防水。涂料防水是指在施工现场将防水涂料在常温下以刷涂、刮涂、辊涂等方法涂敷于地下室结构表面的一种防水做法。防水涂料包括有机防水涂料和无机防水涂料。涂料防水构造如图 2-21 所示。

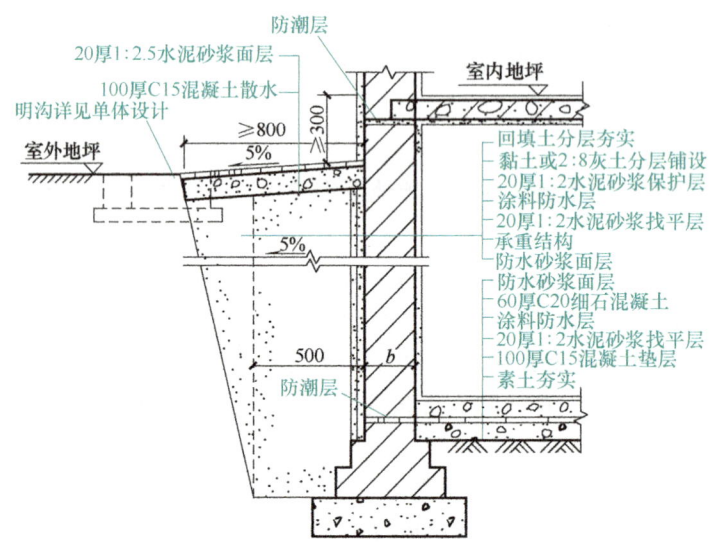

图 2-21　涂料防水构造

3）水泥砂浆防水。水泥砂浆防水可用于结构主体的迎水面或背水面。水泥砂浆防水的材料有普通水泥砂浆、聚合物水泥防水砂浆、掺外加剂或掺合料防水砂浆等，施工方法有多层涂抹或喷射等。水泥砂浆防水便于施工、维修；但防水砂浆的抗渗性能较弱，对结构变形较敏感，结构基层略有变形即开裂，从而失去防水功能。因此，水泥砂浆防水一般与其他防水方法配合使用。

（2）构件自防水　构件自防水是指当地下室的墙和底板均采用钢筋混凝土时，通过调整混凝土的配合比或在混凝土中掺入外加剂等手段，改善混凝土的密实性，提高混凝土的抗渗性能，使地下室结构构件同时具有承重、围护、防水功能。为防止地下水对钢筋混凝土构件的侵蚀，在地下室墙体外侧应抹水泥砂浆，然后涂刷热沥青。构件自防水构造如图 2-22 所示。

2. 降排水法

降排水法是指人工降低地下水位或排出地下水，直接消除地下水对地下室的作用的防水方法。

3. 综合防水法

综合防水法是指采用多种防水措施来提高地下室防水可靠性的防水方法，此方法一般只在地下水量较大或地下室防水要求较高时才采用。

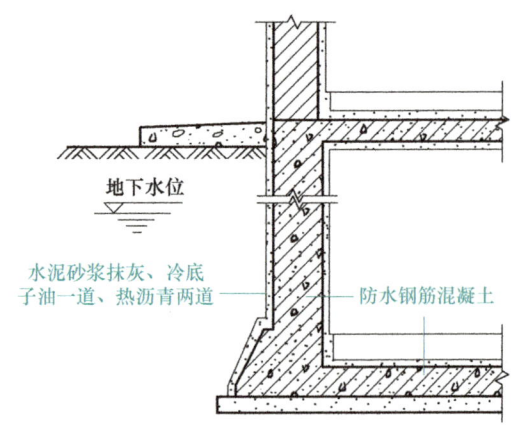

图 2-22　构件自防水构造

【学习检测】

1. 阐述地下室防水和防潮的方法。
2. 绘制地下室防水方法的思维导图。

2.4 基础施工图识读

基础施工图是进行施工放线、基槽开挖和砌筑的主要依据,也是进行施工组织设计和预算的主要依据,主要图纸有基础平面图和基础详图。

2.4.1 基础平面图

基础平面图是表示基础平面布置情况的图纸,它是施工放样的重要依据。

1. 形成

假想用一个水平剖切平面,沿建筑物室内地面(±0.000)与防潮层之间将房屋剖开,移去上部建筑物和下部土层,向水平面作正投影所得到的投影图称为基础平面图。

2. 图示方法

1)定位轴线与建筑平面图一样,尺寸布置应与建筑施工图的底层平面图一致。

2)墙身剖面线。墙身及其被剖切到的部分需要绘制剖面线,断面轮廓线则用粗实线绘制,一般不画材料图例。

3)基础外轮廓线。条形基础一般设计有大放脚或台阶型,基础平面图上只用细实线画出最宽的外轮廓线即可。对于一段墙体的条形基础而言,基础平面图上只需画四条线,即两条粗实线(表示墙宽),两条细实线(表示基础底部),如图 2-23 所示。

4)其他部分的图示方法。基础上一般设有基础梁,可见的梁用粗实线(单线)表示,不可见的梁用粗虚线(单线)表示。如果剖切到钢筋混凝土柱,则用涂黑表示。穿过基础的管道洞口可用细虚线表示。地沟用细虚线表示。

5)断面详图位置符号。由于房屋各部分的基础受力情况、构造方法、埋置深度、断面形状不同,要分别绘制基础详图,因此要在基础平面

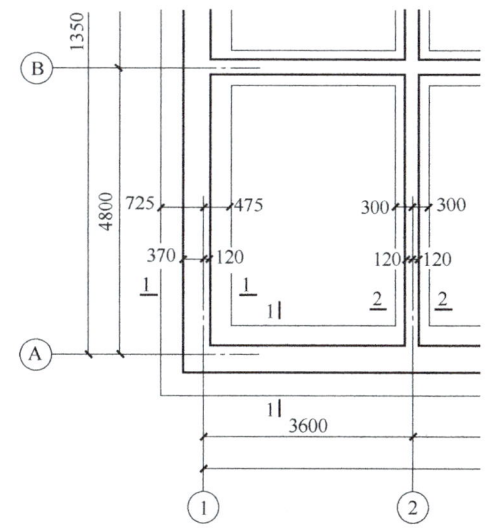

图 2-23 基础平面图外轮廓线画法

图上的不同断面处绘制断面详图位置符号,并且用不同的编号表示(例如 1—1、2—2、3—3)。相同的断面用同一断面编号表示,但要注意投射方向。图 2-24 为条形基础断面详图位置符号。

3. 尺寸

1)轴线尺寸。在基础平面图上需标注定位轴线间的尺寸(开间、进深)和两端轴线间

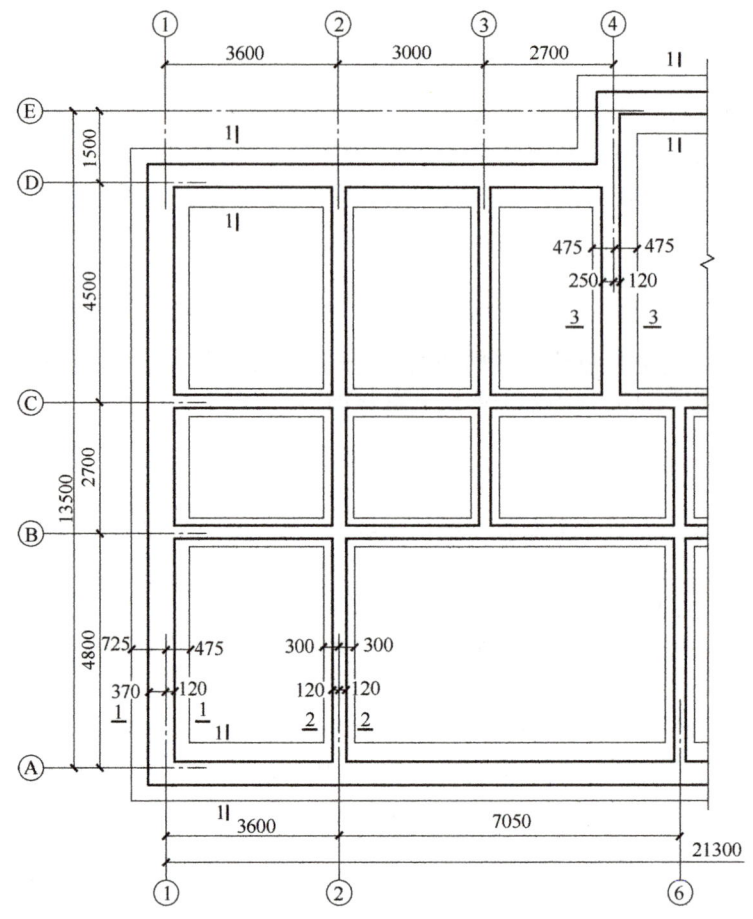

图 2-24 条形基础断面详图位置符号

的尺寸。

2）墙体尺寸。基础平面图上要以轴线为基准标注各墙的厚度尺寸。

3）基础宽度尺寸。基础平面图上要以轴线为基准标注各墙下基础最外边宽度的尺寸。

4）其他尺寸。其他尺寸有地沟、管道出入口等的尺寸，在基础平面图上需标明出入口位置及相关尺寸。

2.4.2 基础详图

1. 形成

假想用剖切平面垂直地将基础剖开，用较大比例画出剖切断面图，此图称为基础详图，如图 2-25 所示。

2. 图示方法

按平面图确定的断面位置和投射方向绘制断面形状、构成材料、标注尺寸和标高等。

1）定位轴线。在断面的竖直方向画出定位轴线，并根据具体情况确定是否加轴线编号。

2）线型。室内、室外地面用粗实线表示。剖切到不同材料时，用不同的材料图例分

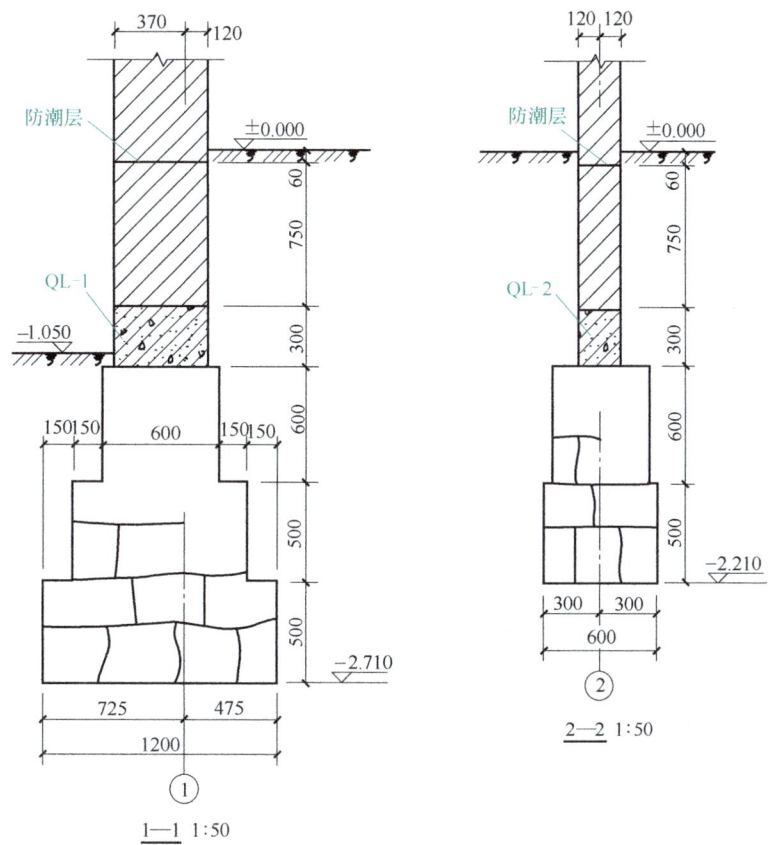

图 2-25 基础详图

隔,材料图例用细实线表示。

3)尺寸标注。详图上需标注详细的尺寸以满足施工、预算等要求。

① 标高尺寸:用标高符号标明室内地面标高、室外地坪标高及基础底面标高。

② 构造尺寸:以轴线为基准,标注墙宽度、基础底面宽度及各个大放脚处宽度;标注各台阶高度及整体深度尺寸。

3. 材料图例

用材料图例或文字注明基础所用材料。

4. 其他构造设施

若有管沟、洞口等构造,则除在平面图上标明外,在详图上也要详细画出并标注尺寸、材料。

2.4.3 独立基础施工图

独立基础是指基础主体独立存在,基础与基础之间用基础梁连接。独立基础上部常与柱连接,有整体浇筑式和装配式两种形式。独立基础施工图包括独立基础平面图和独立基础详图。

1. 独立基础平面图的图示方法

如图 2-26 所示的独立基础平面图,用与建筑平面施工图一致的轴线及编号等绘出轴线,并按基础的位置和形状用细实线画出平面投影。若有基础梁，用粗实线绘制。对于不同构造的基础，用不同编号表示，以示区别，例如图中的 J-1、J-2、J-3。

2. 独立基础平面图的尺寸标注

平面图上只标注轴线间尺寸和轴线总尺寸（图 2-26）。对基础的细部尺寸，可在详图中标注。

3. 独立基础详图

为了表达清楚基础的详细情况，需要画出基础详图，如图 2-27 所示。

1）按对应位置画出定位轴线，并根据基础与定位轴线的相对位置绘出基础的外部形状和杯口形状。一般不画垫层。

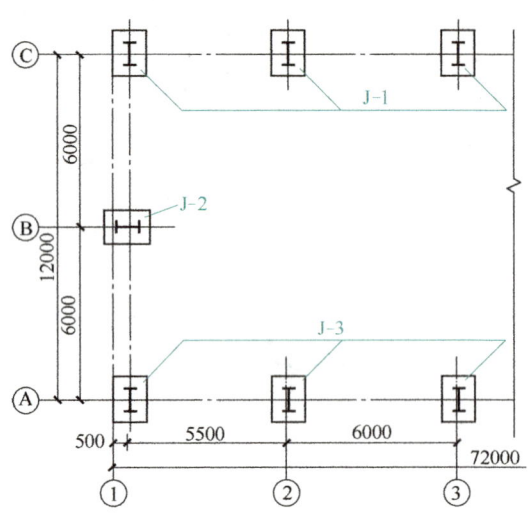

图 2-26 独立基础平面图

2）按局部剖视的方法绘出钢筋并标注钢筋的编号、直径、等级、根数（或间距）等。

3）尺寸标注。以轴线为基准标注基础底面宽度、台阶宽度、杯口宽度等尺寸。

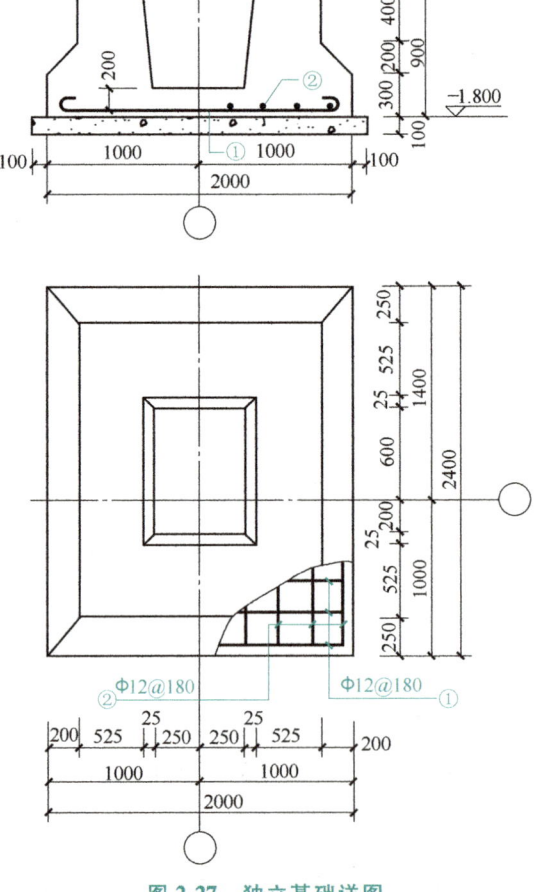

图 2-27 独立基础详图

4. 独立基础剖面图

独立基础剖面图一般在对称平面处剖开,且画在对应的投影位置,所以不加标注。

1)按对应位置画出竖向定位轴线和剖开后的剖面形状、垫层厚度与宽度。

2)绘出基础配筋及钢筋编号、上下层关系。

3)尺寸标注。以轴线为基准标注宽度尺寸;以基底为基准标注高度尺寸和标高尺寸。垫层尺寸可单独标出或用文字说明。

2.5 基础施工图识读训练

图 2-28 为某单层厂房基础平面图,图中分别用 J-1、J-2 等表示不同的柱基础,用 JL-1、JL-2 等表示不同的基础梁。门口处无基础梁,而是在相邻基础上多出一块作为门框柱的基础。

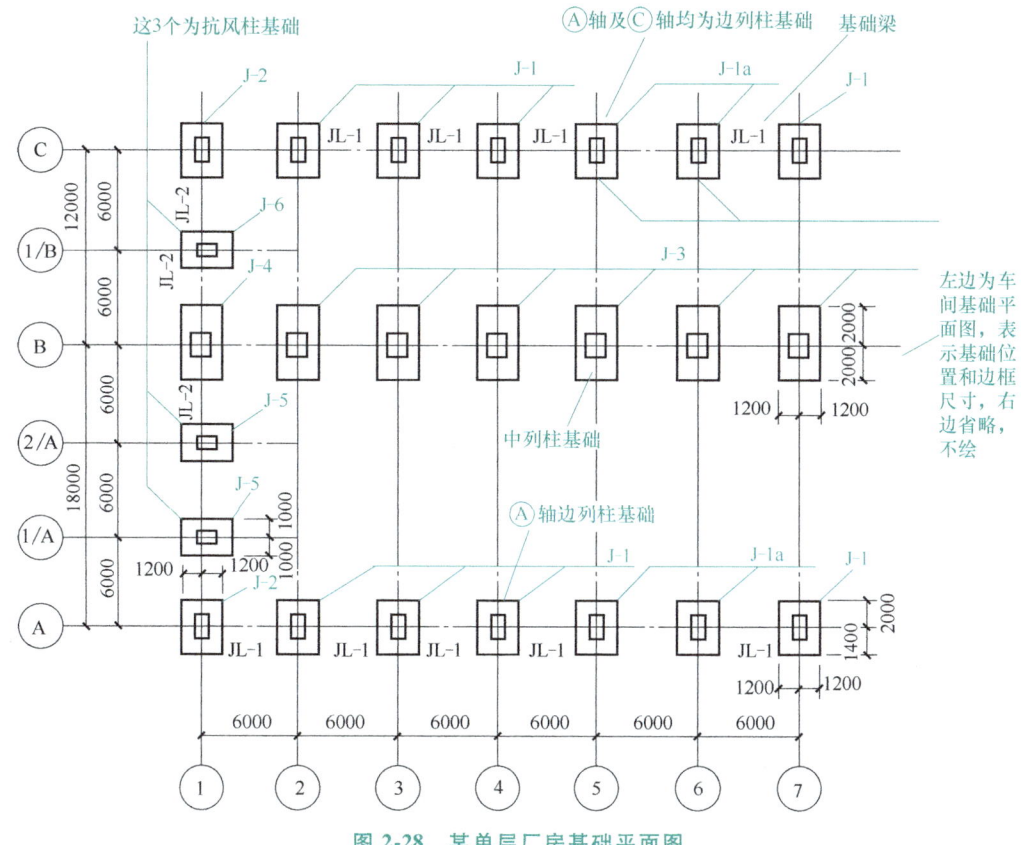

图 2-28 某单层厂房基础平面图

1)识读图 2-28,找出下列信息:基础轴线的布置、不同类型基础的编号、基础梁的布置和编号,以及图中轴线的距离(柱距)。

2)J-1、J-2 表示的是什么?JL-1、JL-2 表示的又是什么?

3)试将图 2-28 中的 J-1 基础绘成详图,该详图由平面图和剖面图组成,如图 2-29 所示。

4)有 BIM 知识基础的读者可以试着绘制 J-1 基础的三维图,如图 2-30 所示。

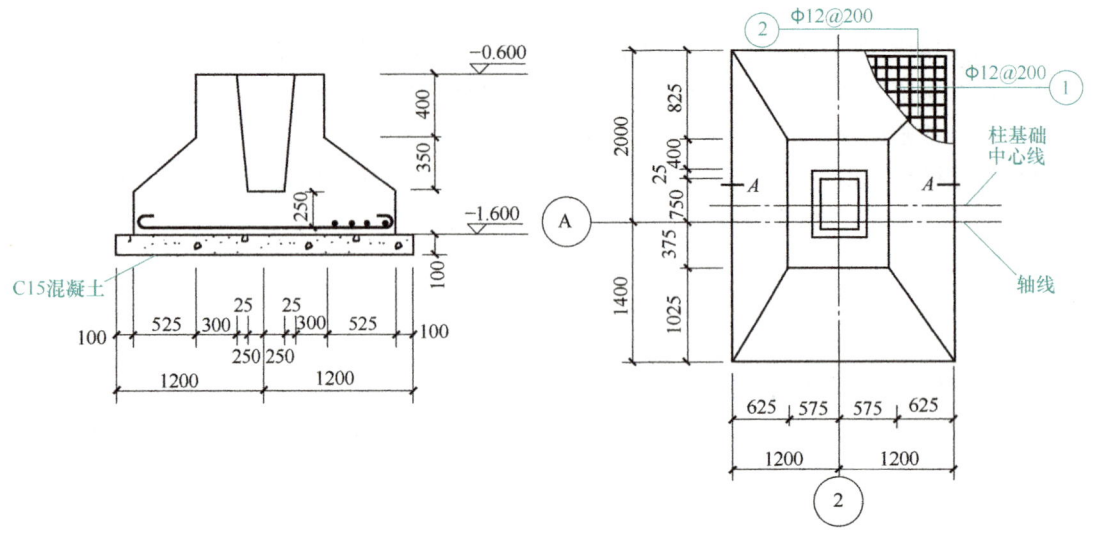

图 2-29 J-1 基础详图

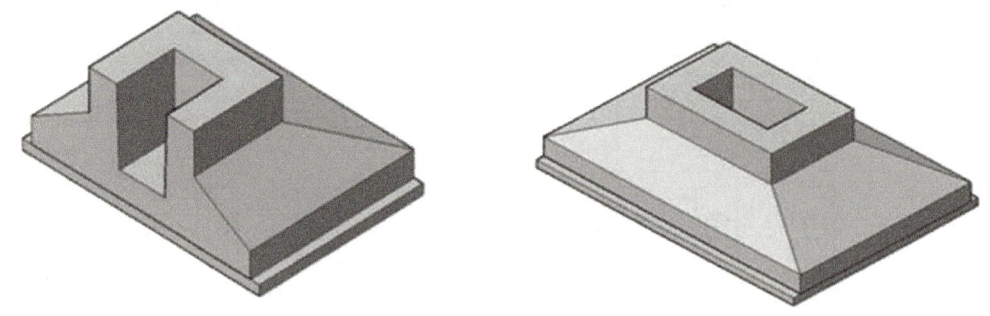

图 2-30 J-1 基础三维图

单元小结

1)地基与基础的区别和联系。基础是房屋建筑的重要组成部分,它承受建筑物上部结构传来的全部荷载,并将这些荷载连同基础的自重一起传给地基。地基是基础下面直接承受荷载的土层。

2)在保证地基承载力要求的前提下确定合理的基础埋置深度。

3)基础按受力特点不同分为刚性基础和柔性基础,要掌握刚性基础的概念和常见类型;基础按构造形式不同分为独立基础、条形基础、井格基础、筏形基础、箱形基础及桩基础等,应了解不同类型基础的使用特点。

4)地下室的组成和类型。地下室一般由墙身、底板、顶板、门窗、楼梯和采光井等组成;地下室可以按埋入地下的深度、使用性质和结构材料来分类。

5)当地下室的常年设计水位和最高地下水位均低于地下室地面标高时,需要做防潮处理;地下室防水的措施有隔水法、降排水法以及综合防水法。

6)基础施工图是进行施工放线、基槽开挖和砌筑的主要依据,也是进行施工组织设计和预算的主要依据,主要图纸有基础平面图和基础详图。

思考与练习

一、填空题

1. 影响基础埋置深度的因素有_____、_____、_____和_____。
2. 基础按受力特点不同分为_____和_____。
3. 地下室按照埋入地下的深度不同可分为_____和_____;按使用性质不同可分为_____和_____。
4. 地下室目前常用的防水措施有_____、_____和_____。
5. 卷材防水按防水卷材铺贴的位置不同分为_____和_____。

二、选择题

1. 当建筑物为柱承重,并且柱距较大时,宜采用(　　)。
   A. 独立基础　　B. 条形基础　　C. 井格基础　　D. 筏形基础
2. 室内首层地面标高为±0.000,基础底面标高为-1.500,室外地坪标高为-0.600,则基础埋置深度为(　　)m。
   A. 1.5　　B. 2.1　　C. 0.9　　D. 1.2
3. 一般情况下,将埋置深度(　　)的基础称为深基础。
   A. 大于10m　　B. 大于5m　　C. 不小于10m　　D. 不小于5m
4. 下面属于柔性基础的是(　　)。
   A. 砖基础　　B. 毛石基础　　C. 混凝土基础　　D. 钢筋混凝土基础
5. 基础设计中,在连续的墙下或密集的柱下,宜采用(　　)。
   A. 独立基础　　B. 条形基础　　C. 井格基础　　D. 筏形基础

单元 3

建筑竖向承载体系——墙体

【学习目标】
◇ 掌握墙体的类型和设计要求。
◇ 掌握墙体结构功能方面的要求。
◇ 掌握墙体的细部构造。
◇ 掌握建筑幕墙的构造。

墙体是建筑物重要的组成部分，起着承重、围护、分隔空间和装饰的作用，同时还具有保温、隔热、隔声等功能。墙体材料和构造方法的选择，将直接影响房屋的质量和造价，因此合理地选择墙体材料和构造方法十分重要。

3.1 初识墙体

墙体下接基础、中搭楼板、上连屋顶，对整个建筑的使用、造型、总重和造价影响极大。在一般砌体结构建筑中，墙体是主要的承重构件，墙体的重量可占建筑物总重量的40%~45%，墙体的造价占全部造价的30%~40%。在其他类型建筑中，墙体可能是承重构件，也可能是围护构件，所占的造价比重也较大。

3.1.1 墙体的类型

1. 按位置不同分类

按其在平面上所处位置不同，墙体可分为外墙和内墙、纵墙和横墙；窗与窗之间和窗与门之间的墙称为窗间墙，窗台下面的墙称为窗下墙。墙体各部分名称如图3-1所示。

墙体的类型　　建筑外墙保温施工

2. 按受力情况分类

在混合结构建筑中，墙体按受力情况不同分为两种：承重墙和非承重墙。其中，非承重墙又可分为两种：一种是自承重墙，不承受外来荷载，仅承受自身重量并将其传至基础；另一种是隔墙，起分隔房间的作用，不承受外来荷载，仅把自身重量传给梁或楼板。框架结构中的墙称为框架填充墙。墙体按受力情况分类如图3-2所示。

单元3　建筑竖向承载体系——墙体

图 3-1　墙体各部分名称

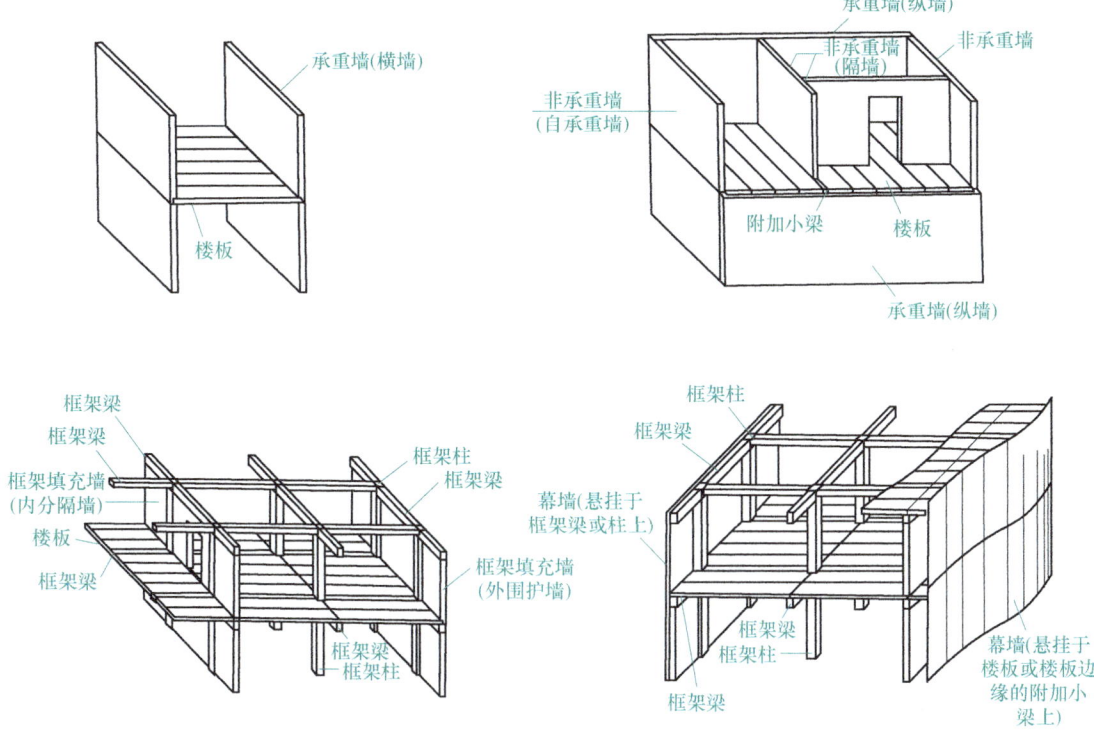

图 3-2　墙体按受力情况分类

3. 按构造和施工方式分类

1) 墙体按构造不同可以分为实体墙（图 3-3）、空体墙（图 3-4）和组合墙（图 3-5）三种。实体墙由单一材料组成，为实心无孔洞的墙体，如普通砖墙、灰砂砖墙、毛石墙等。空体墙也由单一材料组成，既可由单一材料砌成内部空腔，也可用具有孔洞的材料建造墙体，如空斗砖墙、空心砌块墙等。组合墙由两种以上材料组合砌成，例如混凝土-加气混凝土复合板材墙，其中混凝土起承重作用，加气混凝土起保温隔热作用。

2) 墙体按施工方式不同可以分为块材墙、板筑墙及板材墙三种。块材墙是用砂浆等胶结材料将砖、石等块材组砌成墙体，例如砖墙、石墙及各种砌块墙等，如图 3-6 所示。板筑

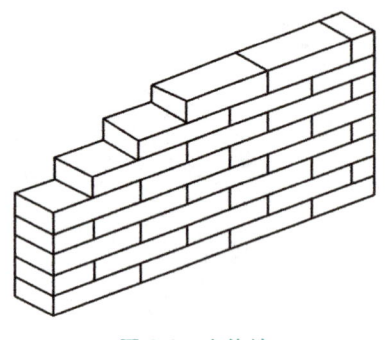

图 3-3 实体墙

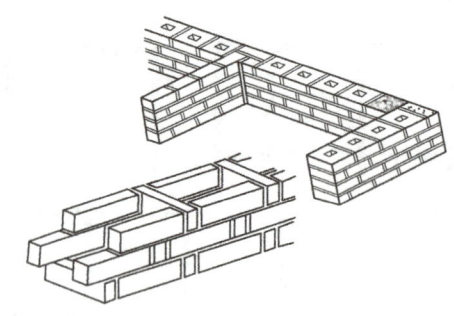

图 3-4 空体墙

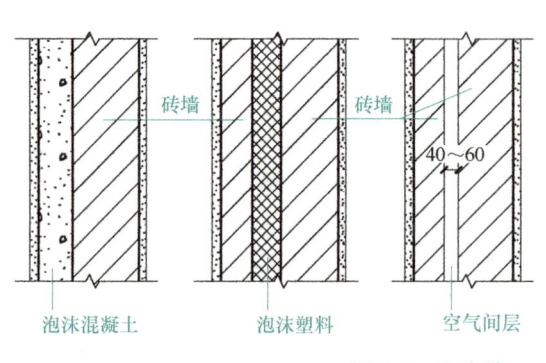

图 3-5 组合墙

墙是在现场立模板,现浇制成的墙体,例如现浇混凝土墙等。板材墙是先在工厂预制成墙板,然后在施工现场安装而成的墙,例如预制混凝土大板墙、各种轻质条板内隔墙等。

4. 按材料分类

墙体按所用材料不同,可分为砖墙、石墙、土墙、混凝土墙及钢筋混凝土墙等。砖是我国传统的墙体材料,但出于环境保护的原因,我国已不再使用黏土砖,而是采用新型环保材料制砖;石墙适用于产石的地区;土墙便于就地取材,是造价低廉的墙体;混凝土墙及钢筋混凝土墙可现浇、预制,在多、高层建筑中应用广泛。

图 3-6 块材墙

3.1.2 墙体的作用

1)承重作用。墙体可承受楼板、屋顶或梁传来的荷载及墙体自重、风荷载、地震荷载等。

2)围护作用。墙体可抵御自然界中风、雨、雪、太阳辐射等的侵袭,起到保温、隔热、隔声、防风、防水等作用。

3)分隔作用。墙体可把房屋内部划分为若干房间,以满足不同的使用要求。

4)装饰作用。墙面装饰是建筑装饰的重要组成部分,墙面装饰对整个建筑物的装饰效果作用很大。

3.1.3 墙体的设计要求

1. 墙体设计的结构要求

对以承重为主要功能的墙体,其在结构上常要求各层墙体上下对齐;各层的门、窗、孔洞也以上下对齐为佳。此外,还需考虑以下两方面的要求。

(1) 合理选择墙体承重方案

1)横墙承重方案。凡以横墙承重的承重方案均称为横墙承重方案或横向结构系统。这时,楼板、屋顶上的荷载均由横墙承受,纵墙只起纵向稳定和拉结的作用。横墙承重方案的主要特点是横墙间距较密,加上纵墙的拉结,使建筑物的整体性较好、横向刚度较大,对抵抗地震作用等水平荷载有利。但横墙承重方案的开间尺寸不够灵活,适用于房间开间尺寸不大的宿舍、住宅及病房楼等小开间建筑,如图 3-7a 所示。

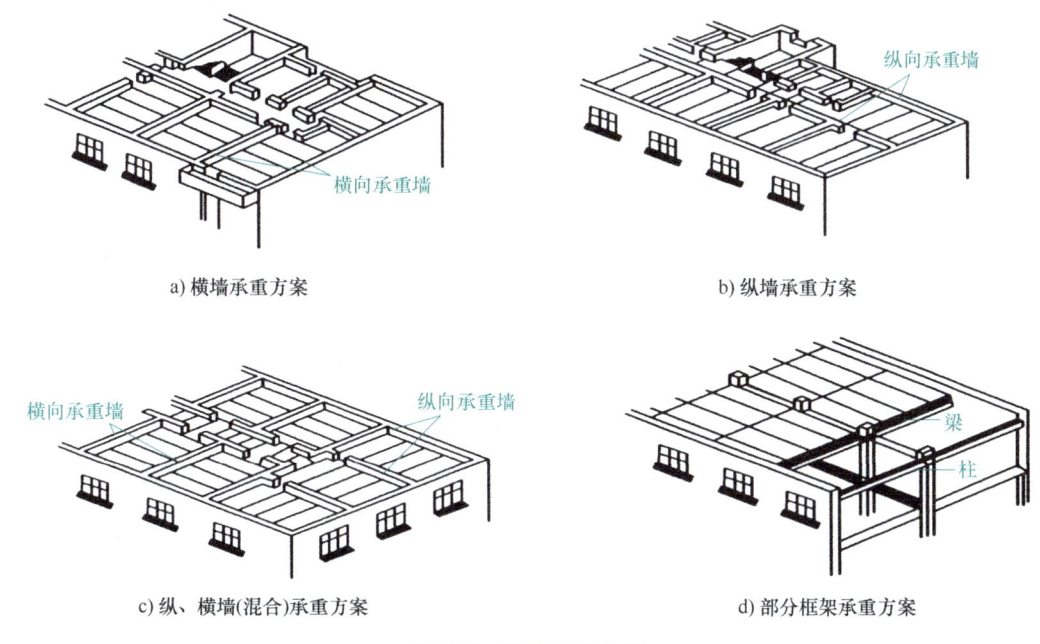

a) 横墙承重方案 b) 纵墙承重方案

c) 纵、横墙(混合)承重方案 d) 部分框架承重方案

图 3-7 墙体承重方案

2)纵墙承重方案。凡以纵墙承重的承重方案均称为纵墙承重方案或纵向结构系统。这时,楼板、屋顶上的荷载均由纵墙承受,横墙只起分隔房间的作用,有的起横向稳定作用。纵墙承重方案可使房间开间的划分较灵活,适用于需要较大房间的办公楼、商店、教学楼等公共建筑,如图 3-7b 所示。

3)纵、横墙(混合)承重方案。凡由纵墙和横墙共同承受楼板、屋顶荷载的承重方案均称为纵、横墙(混合)承重方案。该方案的房间布置较灵活,建筑物的刚度也较好。纵、横墙承重方案多用于开间、进深尺寸较大且房间类型较多的建筑和平面复杂的建筑,如教学楼、住宅等建筑,如图 3-7c 所示。

4)部分框架承重方案。在结构设计中,有时由墙体和钢筋混凝土梁、柱组成的框架共同承受楼板和屋顶的荷载,这时梁的一端支承在柱上,而另一端则搁置在墙上,这种承重方案称为部分框架承重方案或内部框架承重方案。部分框架承重方案适合于室内需要较大使用空间的建筑,如商场等,如图3-7d所示。

(2)具有足够的强度和稳定性　强度是指墙体承受荷载的能力,它与所采用的材料以及材料的强度等级有关。作为承重墙的墙体,必须具有足够的强度,以确保结构的安全。墙体的稳定性与墙的高度、长度和厚度有关,高而薄的墙稳定性差,矮而厚的墙稳定性好;长而薄的墙稳定性差,短而厚的墙稳定性好。

2. 墙体设计的热工要求

(1)墙体的保温要求　采暖建筑的外墙应有足够的保温能力。寒冷地区冬季的室内温度要高于室外温度,热量从高温一侧向低温一侧传递。为了减少热损失,对有保温要求的墙体,须提高其构件的热阻,通常采取以下措施。

1)增加墙体的厚度。墙体的热阻与其厚度成正比,想要增大墙体的热阻,可增加墙体厚度。

2)选择热导率较小的墙体材料。要增大墙体的热阻,常选用热导率较小的保温材料,如泡沫混凝土、加气混凝土、陶粒混凝土、膨胀珍珠岩、膨胀蛭石、浮石及浮石混凝土、泡沫塑料、矿棉及玻璃棉等。

3)采取隔汽措施。为防止墙体产生内部凝结水,常在墙体的保温层靠高温一侧,即蒸汽渗入的一侧,设置一道隔汽层。隔汽层材料一般采用沥青、卷材、隔汽涂料以及铝箔等防潮、防水材料。

(2)墙体的隔热要求　夏季太阳辐射强烈,室外热量通过外墙传入室内,使室内温度升高,产生过热现象,影响人们的工作和生活,甚至会损害人的健康。为了减少热量的传递,常采用的墙体隔热措施有以下几种。

1)外墙采用浅色而平滑的外饰面,如白色外墙涂料、玻璃马赛克、浅色墙地砖、金属外墙板等,以反射太阳光,减少墙体对太阳辐射的吸收。

2)在外墙内部设通风间层,利用空气的流动带走热量,降低外墙内表面温度。

3)在窗口外侧设置遮阳设施,以避免太阳光直射室内。

4)进行生态隔热,在外墙外表面种植攀爬植物使之遮盖整个外墙,吸收太阳辐射热,从而起到隔热作用。

3. 墙体设计的隔声要求

结构隔绝空气传声的能力,主要取决于墙体的单位面积质量,即面密度。面密度越大,隔声效果越好,故在墙体设计时应尽量选择面密度大的材料。另外,适当增加墙体厚度,选用密度大的墙体材料,设置中空墙或双层墙等,均是提高墙体隔声能力的有效措施。声音的大小一般用dB(分贝)表示,它是声级的单位。《民用建筑隔声设计规范》(GB 50118—2010)规定,无特殊要求的住宅分户墙的隔声标准是45dB;学校普通教室之间隔墙的隔声标准为大于或等于40dB。采用双面抹灰的半砖墙也能满足一定的隔声要求。

4. 墙体设计的防火要求

作为建筑墙体的材料及其厚度,应满足《建筑设计防火规范》(GB 50016—2014)的要求。当建筑的单层建筑面积或长度达到一定指标时,应划分防火分区,以防止火灾蔓延。防火分区一般利用防火墙进行分隔。防火墙应采用不燃性材料制作,且耐火极限不低于4h。

一般墙体按所在位置不同、作用不同、耐火等级不同,应分别采用不燃性材料或难燃性材料砌筑,耐火极限从 0.25h 到 3h 不等。

5. 墙体设计的节能、环保要求

为贯彻落实国家的节能、环保政策,改善严寒和寒冷地区居住建筑采暖能耗大、热工效率差的状况,必须通过建筑设计和构造措施来节能降耗。

1)减少高反射性墙体材料的使用,避免"光污染"。
2)杜绝使用有放射性的墙体材料。
3)淘汰或限期淘汰黏土类墙体材料,以减少对耕地的破坏。
4)在建筑设计阶段就贯彻"节能、环保"理念,使用新型节能材料。

【学习检测】

1. 绘制墙体概述部分的思维导图。
2. 观察身边的建筑物,结合墙体在热工方面的设计要求,举例说明墙体如何做好保温、隔热,从而保证建筑空间冬暖夏凉。
3. 搜集资料,写一篇关于建筑节能、环保方面的调研报告。

3.2 块材墙、隔墙、隔断的构造

3.2.1 块材墙的构造

块材墙是用砂浆等胶结材料将砖、石等块材组砌而成的墙体,如砖墙、石墙及各种砌块墙等。块材墙的优点是原材料生产、制造及施工操作较简单;缺点是现场湿作业较多、施工速度慢、劳动强度较大。

1. 块材墙的材料

(1)砖 砖按材料不同可分为黏土砖(现已不再使用)、页岩砖、粉煤灰砖、灰砂砖、炉渣砖等,统称烧结普通砖;按形状不同可分为实心砖、多孔砖和空心砖等。烧结普通砖的规格为 240mm×115mm×53mm,如图 3-8 所示。

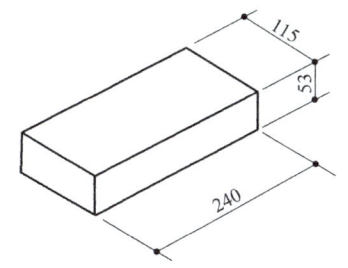
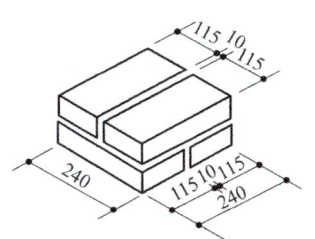
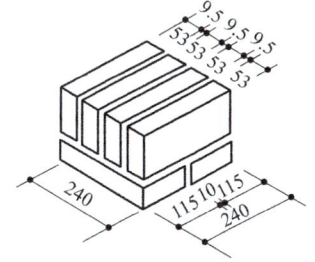

图 3-8 烧结普通砖的规格、尺寸

为适应建筑模数及节能的要求,近年来开发了许多新型砖,如空心砖、多孔砖等,如图 3-9 所示。

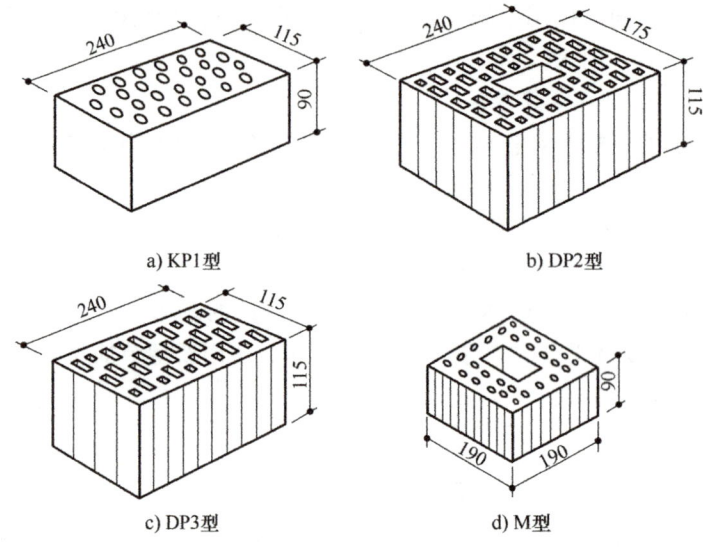

图 3-9 多孔砖规格尺寸

（2）砌块　砌块是利用混凝土、工业废料或地方材料制成的人造块材，外形尺寸比砖大。砌块按尺寸和质量不同可分为小型砌块、中型砌块和大型砌块；按外观形状不同可分为实心砌块和空心砌块；按材料不同可分为混凝土砌块、粉煤灰砌块、石膏砌块等。

2. 块材墙的组砌

（1）砖墙的组砌方式　砖墙的组砌方式，简称砌式，主要是指砖在砌体中的排列方式。砌体各部分名称如图 3-10 所示。

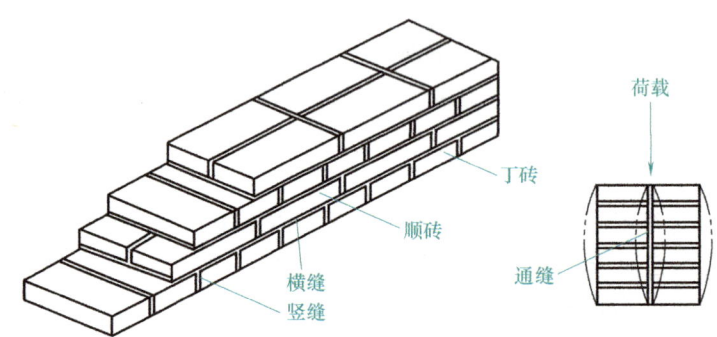

图 3-10　砌体各部分名称

砖墙的砌筑原则：为了使砖墙坚固，砖的排列方式应遵循内外搭接、上下错缝的原则，错缝距离一般不小于 60mm；错缝和搭接应能够保证墙体不出现连续的垂直通缝，以提高墙的强度和稳定性。

砖墙的砌筑要求：砖缝横平竖直，砂浆饱满、均匀。

砖墙组砌中的"皮"指的是"层"，一皮砖即一层砖，其厚度包含砖体厚度和灰缝厚度，烧结普通砖的"一皮"等于 63mm 左右。在砖墙组砌中，把砖的长方向垂直于墙面砌筑的砖叫丁砖；把砖的长方向平行于墙面砌筑的砖叫顺砖；上下皮砖之间的水平灰缝称为横缝；左右两块砖之间的垂直缝称为竖缝。如图 3-11 所示为常见的砖墙组砌方式。

（2）砌块的组砌方式　砌块规格较多、尺寸较大，为保证错缝以及砌体的整体性，应

单元3 建筑竖向承载体系——墙体

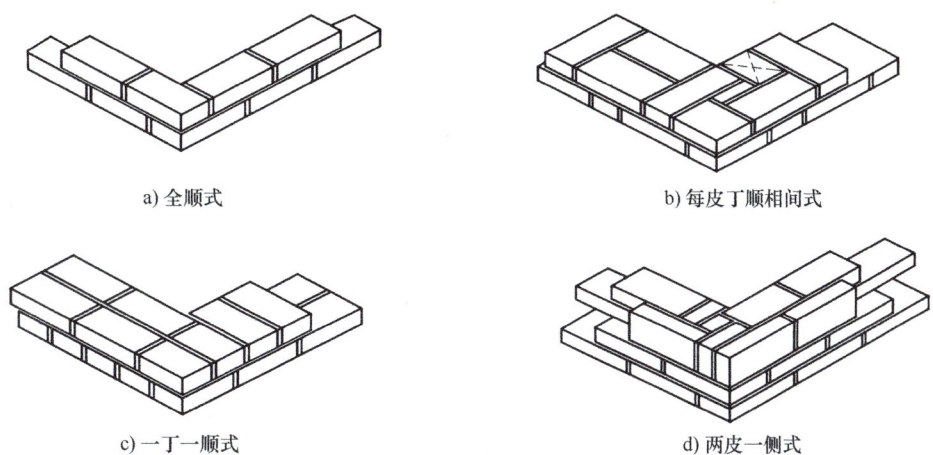

图 3-11 常见的砖墙组砌方式

事先做排列设计,并在砌筑中采取加固措施。砌块排列设计应满足以下要求:上下皮应错缝搭接,墙体交接处和转角处应使砌块彼此搭接,优先采用大规格砌块并使主砌块的总数量在70%以上。常见的砌块组砌方式如图3-12所示。

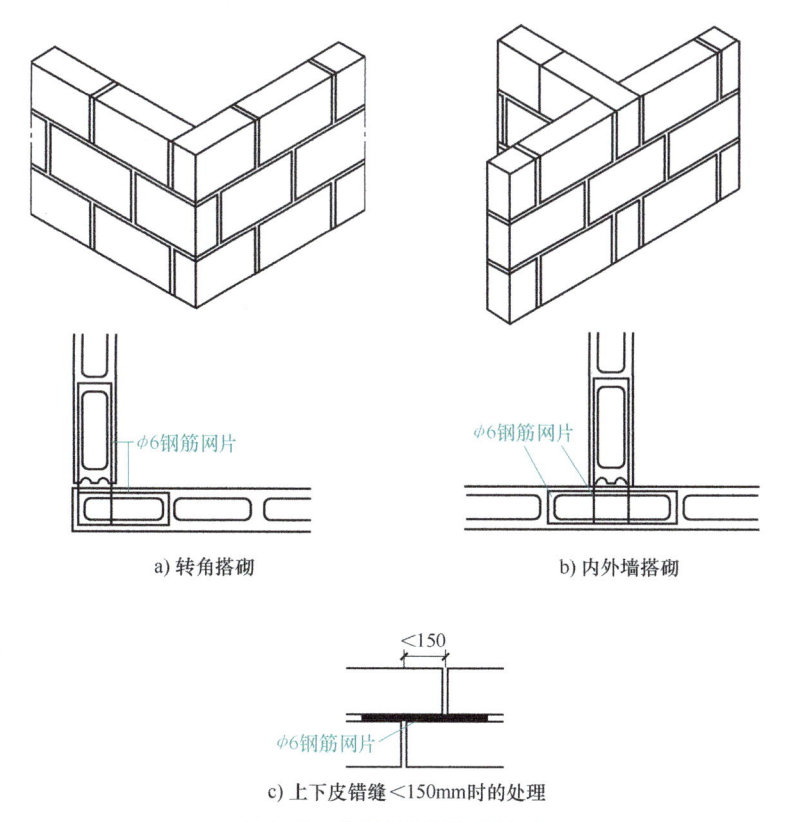

图 3-12 常见的砌块组砌方式

3.2.2 隔墙与隔断的构造

非承重墙的内墙通常称为隔墙,起着分隔房间的作用。隔墙布置灵活,能适应建筑使用功能的变化，在现代建筑中应用广泛。隔断是指把一个结构的一部分同另一部分分开，用分隔物把物体或空间分成几个部分。隔墙与隔断都是具有一定功能或装饰作用的建筑配件。

隔墙与隔断的共同点：具有分隔室内或室外空间的功能，在建筑中不起承重作用。

隔墙与隔断的不同点：隔墙比较固定，一般都是到顶的，能在较大程度上限定空间，满足隔声、遮挡视线等要求；隔断一般不到顶，但也可以到顶，具有一定的空透性，使分隔的空间有一定的视觉交流。

1. 隔墙

常见的隔墙有块材隔墙、轻骨架隔墙和板材隔墙等。

（1）块材隔墙　块材隔墙是用烧结普通砖、空心砖及各种轻质砌块砌筑的墙体，常采用普通砖隔墙和砌块隔墙两种形式。普通砖隔墙是用1/2砖采用全顺式组砌方式砌筑而成的；砌块隔墙是采用各种空心砌块、加气混凝土砌块、粉煤灰硅酸盐砌块等砌筑而成的，如图 3-13 所示。

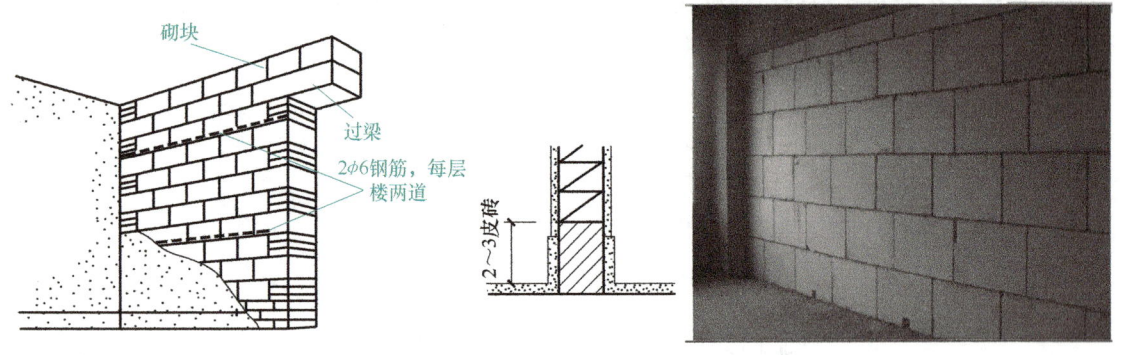

图 3-13　砌块隔墙

（2）轻骨架隔墙　轻骨架隔墙是以木材、钢材或铝合金等构成骨架，把面板粘贴、涂抹、镶嵌、钉固在骨架上制成的（图 3-14）。这种隔墙的骨架由上槛、下槛、立筋与横撑组成，面板可采用纤维板、胶合板、石膏板等各类轻质人造板材。

轻骨架隔墙中面板与骨架的连接构造有两种方式：一种是将面板钉固或粘贴在骨架的一面或两面，用压条盖住板缝；另一种是将面板镶嵌到骨架中间，四周用压条固定。

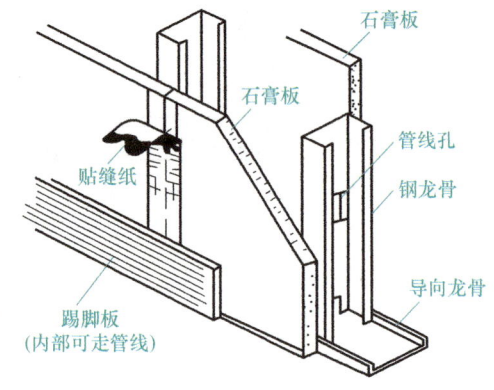

图 3-14　轻骨架隔墙

（3）板材隔墙　板材隔墙采用工厂生产的板材制品，在施工现场用黏结砂浆拼合固定制成，如图 3-15 所示。

常见的板材有加气混凝土条板、石膏条板、碳化石灰板、泰柏板及各种复合板等。安装时，板底部留 20～30mm 缝隙，用对口木楔顶紧后用细石混凝土堵严。板材安装完毕后，用胶泥刮平板缝后即可做饰面。

单元3 建筑竖向承载体系——墙体

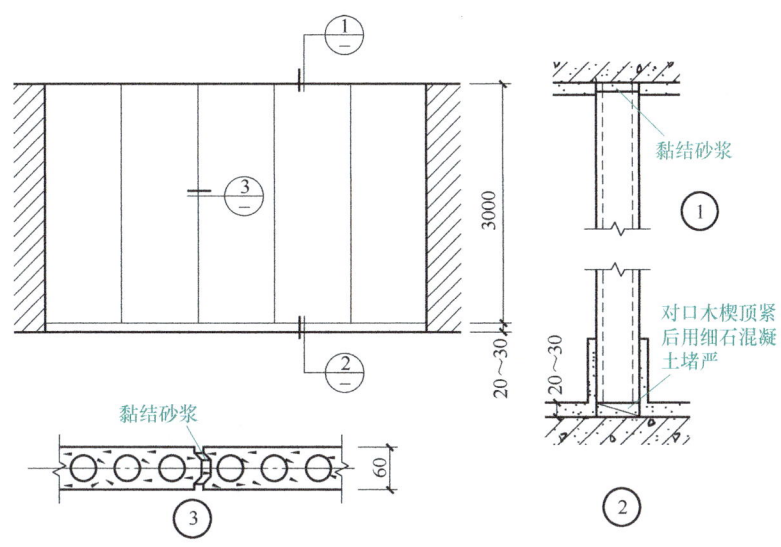

图 3-15 板材隔墙

2. 隔断

（1）屏风式隔断　屏风式隔断与顶棚保持一定距离，起到分隔空间和遮挡视线的作用。屏风式隔断按安装架立方式不同可分为固定式屏风隔断和活动式屏风隔断。固定式屏风隔断又可分为立筋骨架式（图 3-16）和预制板式两种。

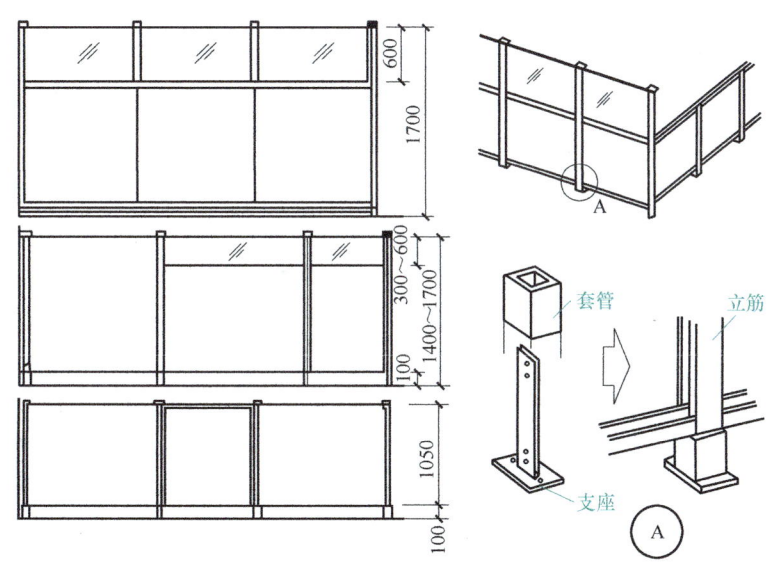

图 3-16 立筋骨架固定式屏风隔断

（2）移动式隔断　移动式隔断可以随意闭合或打开，使相邻的空间随之独立或合成一个空间。这种隔断使用灵活，在关闭时也能起到限定空间、隔声和遮挡视线的作用。移动式隔断的种类有拼装式、滑动式（图 3-17）、折叠式、悬吊式、卷帘式和起落式等。

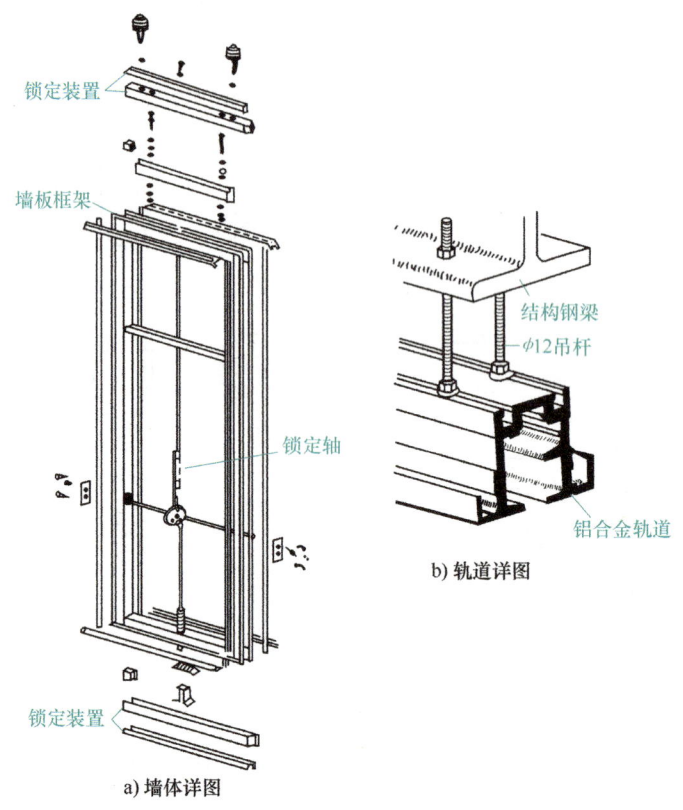

图 3-17 滑动式隔断

（3）镂空式隔断　镂空式隔断是公共建筑门厅、客厅等部位分隔空间常用的一种形式，既有竹制、木制的，也有混凝土预制构件的，形式多样（图 3-18）。这种隔断与地面、顶棚的固定也因材料不同而变化，可用射钉、焊接等连接方式。

图 3-18 镂空式隔断

（4）帷幕式隔断　帷幕式隔断占用面积小，能满足遮挡视线的要求，使用方便，便于更换，一般用于住宅、旅馆和医院。

（5）家具式隔断 家具式隔断巧妙地把分隔空间与储存物品两种功能结合起来，这种隔断多用于住宅的室内分隔以及办公室的分隔等。

> 【学习检测】
> 1. 绘制本节内容的思维导图。
> 2. 观察身边的建筑物，找出几种不同类型的隔墙和隔断，结合隔墙和隔断的构造特点，说明它们的优缺点。

3.3 墙体细部构造

为保证墙体的耐久性和墙体与其他构件的连接，应在相应的位置进行构造处理。墙体的细部构造一般是指墙身上的细部做法，包括勒脚、散水或明沟、门窗过梁、窗台、墙身防潮层、圈梁、构造柱、壁柱、门垛和防火墙等，如图3-19所示。

3.3.1 勒脚

勒脚就是外墙接近室外地面的部分，有如下作用：防止外界碰撞对墙体的损坏；防止屋檐滴下的雨水、雪水及地表水对墙的侵蚀；美化建筑物外观。勒脚做法：抹水泥砂浆、水刷石、斩假石；或外贴面砖、天然石板等（图3-20、图3-21）。

3.3.2 散水或明沟

1. 散水

散水的作用是将雨水散开到离房屋较远的室外地面上去，是自由排水的形式。散水的构造做法有砖散水、三合土散水、块石散水、混凝土散水、季节性冰冻地区散水等，散水的宽度一般为600~1000mm，坡度为3%~5%，且应比屋

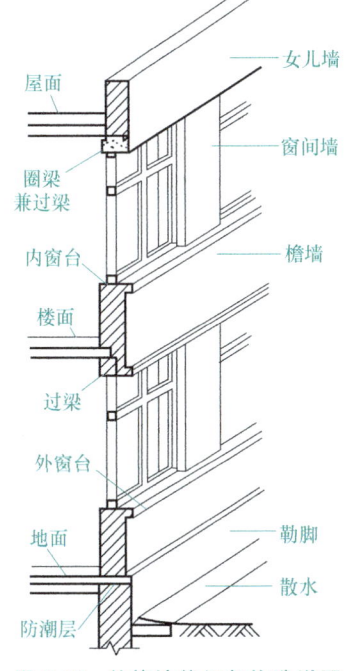

图3-19 外檐墙体细部构造详图

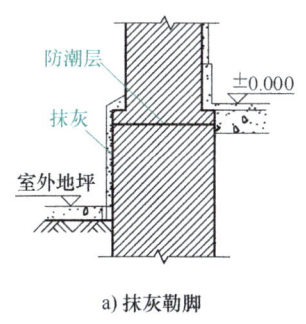
a) 抹灰勒脚

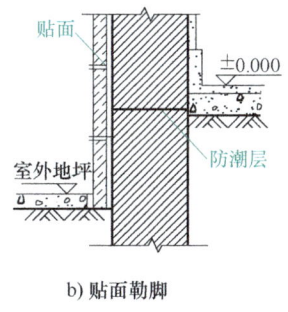
b) 贴面勒脚

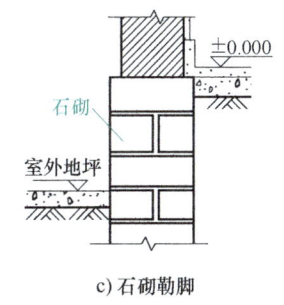
c) 石砌勒脚

图3-20 勒脚

图 3-21　勒脚实例

顶檐口宽出 100~200mm。混凝土散水构造如图 3-22 所示，散水实例如图 3-23 所示。

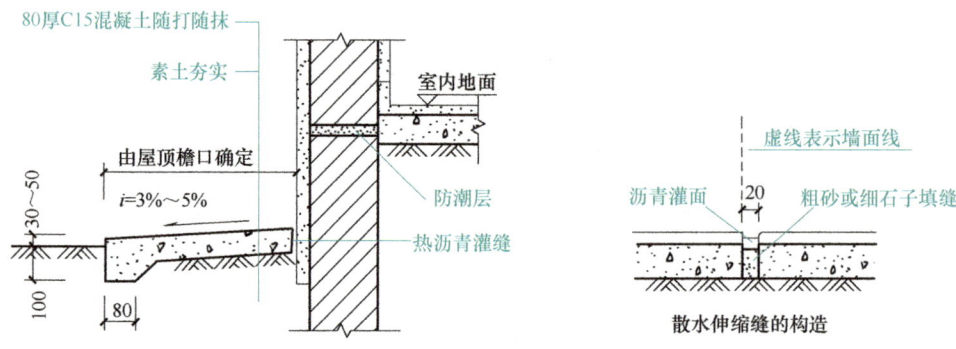

图 3-22　混凝土散水构造

图 3-23　散水实例

2. 明沟

明沟也叫阳沟，如图 3-24、图 3-25 所示，明沟一般用素混凝土现浇制成，外抹水泥砂浆；也可用砖或毛石砌筑，再以水泥砂浆抹面。有盖板的明沟叫暗沟或者阴沟，如图 3-26 所示，它是设置在外墙四周的将屋面雨水有组织地导向地下排水井的排水沟，其主要目的在于保护外墙墙基。

图 3-24　明沟

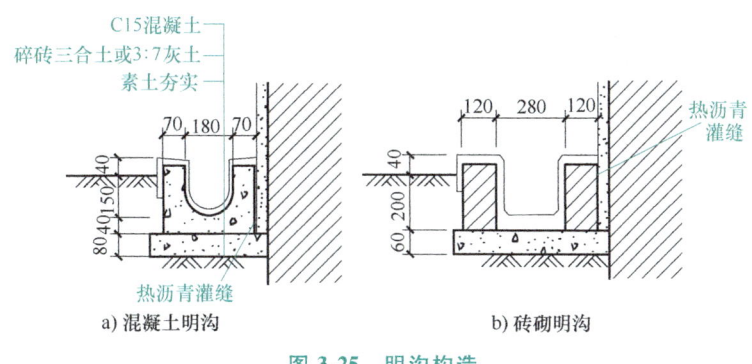

图 3-25 明沟构造

图 3-26 暗沟

3.3.3 门窗过梁

当墙体开设洞口时,为了承受上部砌体传来的各种荷载,并把这些荷载传给两侧的墙体,常在门窗洞口上设置横梁,即门窗过梁。门窗过梁的截面高度由洞口宽和荷载大小等条件决定,门窗过梁的形式要根据受力情况和立面要求来选择。门窗过梁的形式有很多,常用的有以下三种:砖拱过梁、钢筋砖过梁、钢筋混凝土过梁。

1. 砖拱过梁

砖拱过梁是一种传统的门窗过梁做法,包括平拱(图3-27a)、弧拱(图3-27b)、半圆拱(图3-27c)等形式。

图 3-27 砖拱过梁

2. 钢筋砖过梁

钢筋砖过梁是指在砖缝中配置钢筋,形成能承受弯矩的加筋砖砌体。用于钢筋砖过梁的钢筋,直径为6mm,不少于3根,间距不大于120mm;砂浆强度等级不小于M5,钢筋伸入洞口两侧不少于240mm。钢筋砖过梁如图3-28所示。

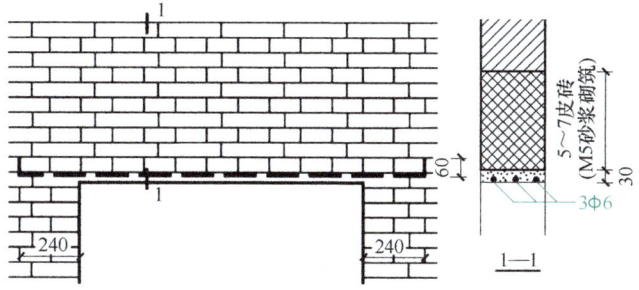

图 3-28 钢筋砖过梁

3. 钢筋混凝土过梁

钢筋混凝土过梁一般不受跨度的限制，过梁宽度一般同墙厚，梁高应与砖的皮数相适应，如 60mm、120mm、180mm、240mm 等。过梁在洞口两侧伸入墙内的长度应不小于 240mm。为了防止雨水沿门窗过梁向外墙内侧流淌，过梁底部的外侧抹灰时要做滴水。钢筋混凝土过梁既可现浇，也可预制，其断面形式有矩形和 L 形两种，如图 3-29 所示。

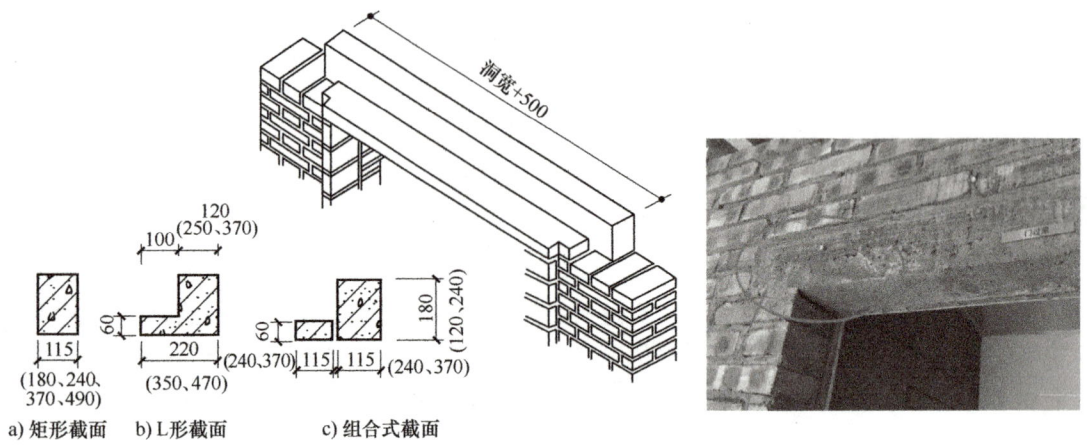

图 3-29 钢筋混凝土过梁

3.3.4 窗台

窗台是窗洞口下部的防水和排水构造，同时也是建筑立面重点处理的部位，有内窗台和外窗台之分。外窗台的构造做法有砖砌窗台和预制混凝土板窗台两种，如图 3-30 所示。

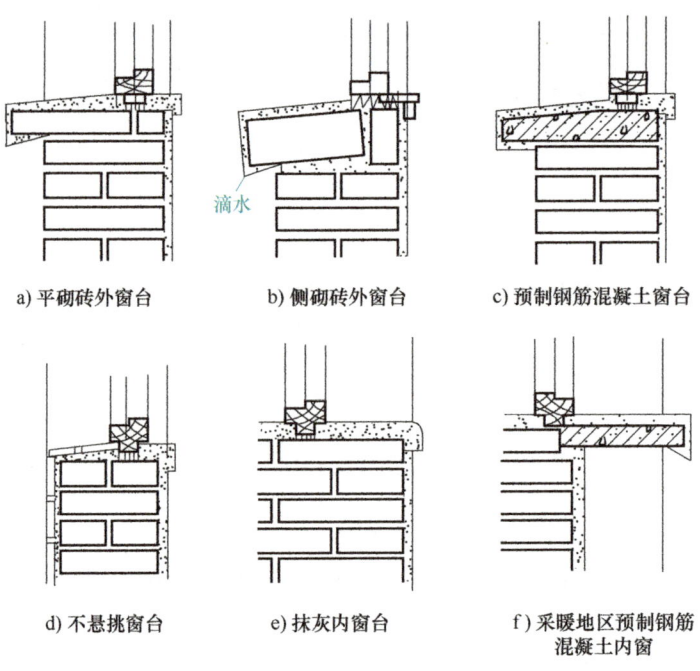

图 3-30 窗台的构造

3.3.5 墙身防潮层

由于毛细作用，地下土层中的水分从基础墙上升，使墙身受潮，从而容易引起墙体的冻融破坏，并使墙身饰面发霉、剥落等。墙身防潮层是指在勒脚处铺设防潮层，以提高建筑物的耐久性，保持室内干燥、卫生。墙身防潮层应在所有的内外墙中连续设置，按构造形式不同分为水平防潮层和垂直防潮层两种。

1. 墙身防潮层的位置（图 3-31）

1）当室内地面垫层为混凝土等密实材料时，防潮层设在垫层厚度的中间位置，一般低于室内地坪 60mm，如图 3-31a 所示；

2）当室内地面垫层为三合土或碎石灌浆层等非刚性材料（透水材料）时，防潮层的位置应与室内地坪平齐或高于室内地坪 60mm，如图 3-31b 所示。

3）当室内地面低于室外地面或内墙两侧的地面出现高差时，除了要设置两道水平防潮层外，还应对两道水平防潮层之间靠土一侧的垂直墙面做防潮处理，如图 3-31c 所示。

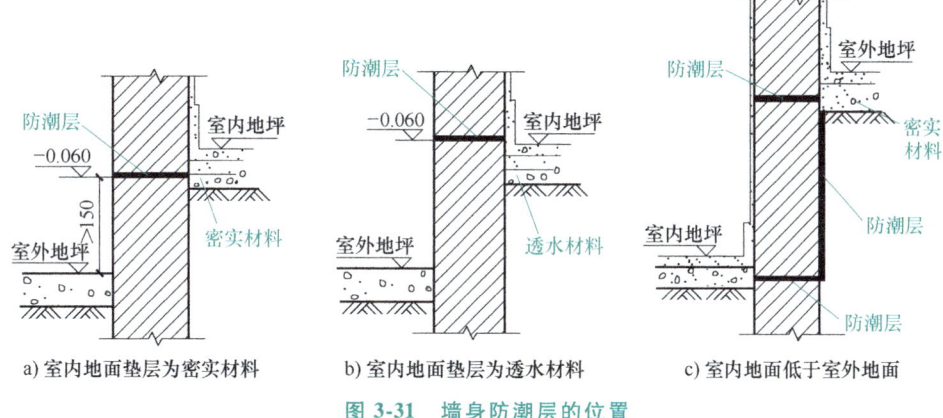

图 3-31 墙身防潮层的位置

2. 墙身水平防潮层

水平防潮层一般位于室内地面不透水垫层（如混凝土垫层）的厚度范围之内，与室内地面垫层形成一个封闭的防潮层，通常在 -0.060m 标高处设置，而且至少要高于室外地坪 150mm，以防雨水溅湿墙身。水平防潮层有卷材防潮层、砂浆防潮层和细石混凝土防潮层等类型。

（1）卷材防潮层（图 3-32a） 卷材防潮层施工时，通常在防潮层部位先抹 20mm 厚的 1:3 水泥砂浆找平层，然后干铺油毡一层或用沥青粘贴一层油毡后再刷两遍沥青油。卷材的宽度应比墙体宽 20mm，搭接长度不小于 100mm。卷材防潮层具有一定的韧性、伸长性和良好的防潮性能；但不能与砂浆有效地黏结，降低了结构的整体性，对抗震不利，而且卷材的使用年限往往低于建筑的设计使用年限，老化后将失去防潮的作用。因此，卷材防潮层在建筑中已较少采用。

（2）砂浆防潮层（图 3-32b） 砂浆防潮层施工时，在防潮层部位抹 20~25mm 厚掺有防水剂的 1:2 防水砂浆，防水剂的掺入量一般为水泥用量的 3%~5%；或者在防潮层部位用防水砂浆砌筑 3 皮砖，同样可以起到防潮层的作用。砂浆防潮层在实际工程中应用较多，特别适用于抗震地区独立砖柱和扰动较大的砖砌体中。但砂浆属于刚性材料，易产生裂缝，所以在基础沉降量大或有较大振动的建筑中应慎重使用。

（3）细石混凝土防潮层（图3-32c） 细石混凝土防潮层施工时，在防潮层部位铺设60mm厚C20细石混凝土，内配3φ6或3φ8钢筋用于抗裂。内配钢筋的混凝土，其密实性和抗裂能力均较好，防水、防潮能力较强，且与砖砌体结合紧密、整体性好，适用于整体刚度要求较高的建筑中，特别是抗震地区的墙身水平防潮层。

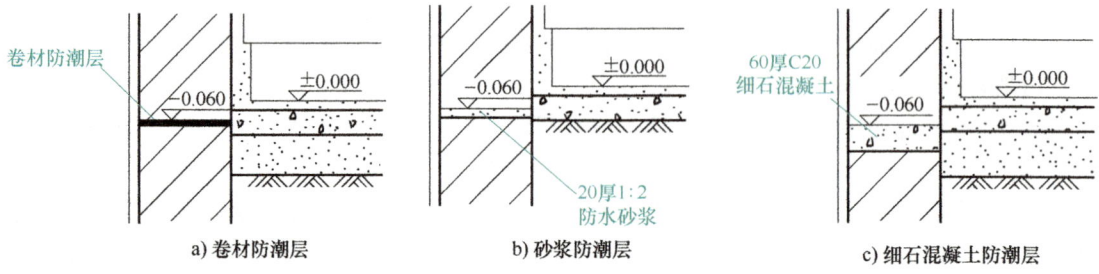

图3-32 墙身水平防潮层

3. 墙身垂直防潮层

当室内地面出现高差或室内地面低于室外地面时，为了保证两地面之间的墙体干燥，除了要分别按高差不同在墙体内设置两道水平防潮层之外，还要在两道水平防潮层的靠土壤一侧设置一道垂直防潮层。

墙身垂直防潮层施工时，在垂直墙面上先用水泥砂浆找平，再刷冷底子油一道、热沥青两道或采用防水砂浆抹灰施工（图3-33）。

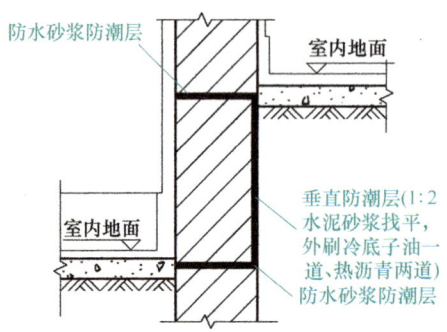

图3-33 墙身垂直防潮层

3.3.6 圈梁

圈梁又称腰箍，是沿建筑物外墙、内纵墙及部分横墙设置的连续而封闭的梁，如图3-34所示。

圈梁的作用是提高建筑物的整体刚度及墙体的稳定性，减少由于地基不均匀沉降而引起的墙体开裂，提高建筑物的抗震能力。

当圈梁被门窗洞口（如楼梯间、窗洞口）截断时，应在洞口上部设置附加圈梁，进行搭接补强。附加圈梁与圈梁的搭接长度不应小于两梁高差的两倍，同时不小于1000mm（图3-35）。圈梁的数量和位置与建筑物的高度、层数、地基状况和地震烈度有关，见表3-1。

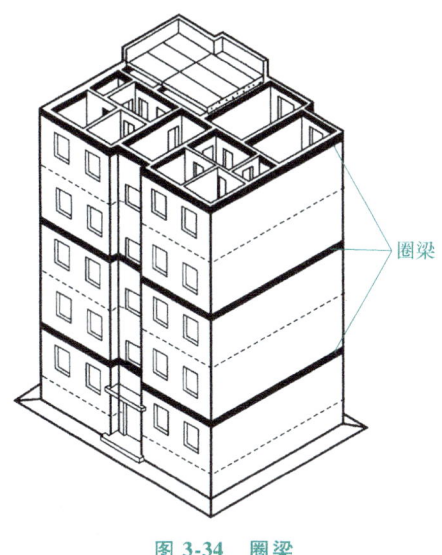

图 3-34 圈梁

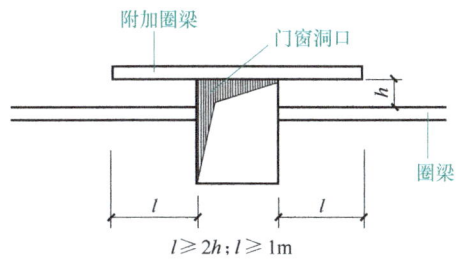

图 3-35 附加圈梁

表 3-1 圈梁设置要求及配筋

圈梁设置及配筋		地震烈度		
		6 度、7 度	8 度	9 度
圈梁设置	沿外墙及内纵墙	屋盖处必须设置,楼盖处隔层设置	屋盖处及每层楼盖处设置	屋盖处及每层楼盖处设置
	沿内横墙	屋盖处必须设置,楼盖处隔层设置;屋盖处间距不大于7m;楼盖处间距不大于15m;构造柱对应部位设置	屋盖处及每层楼盖处设置;屋盖处间距不大于7m;楼盖处间距不大于7m;构造柱对应部位设置	屋盖处及每层楼盖处设置;各层所有横墙处设置
配筋	最小配筋	4ɸ8	4ɸ10	4ɸ12
	箍筋最大间距	250mm	200mm	150mm

圈梁有钢筋砖圈梁和钢筋混凝土圈梁两种形式,如图 3-36 所示。钢筋混凝土圈梁宜设置在与楼板或屋面板同一标高处(称为板平圈梁),或紧贴板底设置(称为板底圈梁)。

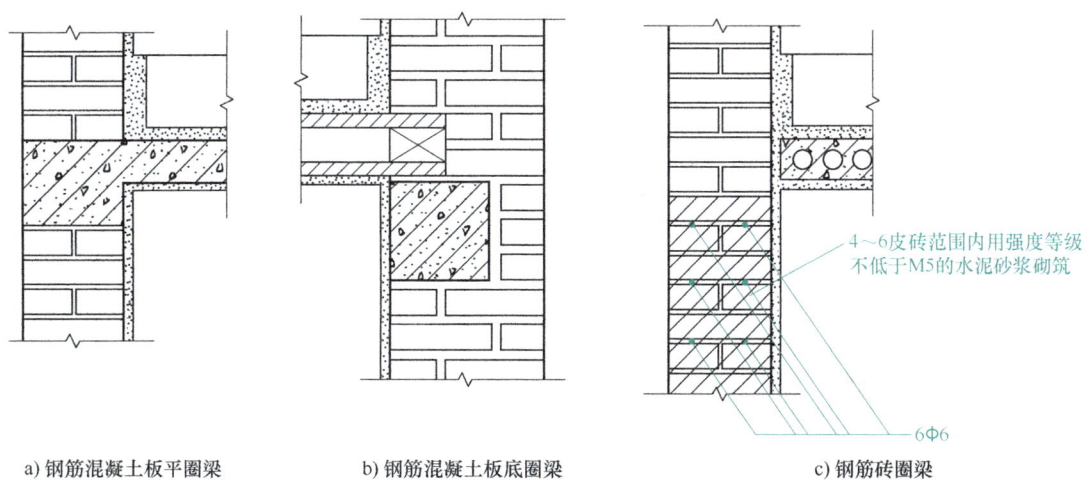

a) 钢筋混凝土板平圈梁　　b) 钢筋混凝土板底圈梁　　c) 钢筋砖圈梁

图 3-36 圈梁的构造

3.3.7 构造柱

1. 定义

在多层砌体房屋墙体的规定部位,按构造配筋,并按先砌墙后浇筑混凝土柱的施工顺序制成的混凝土柱,通常称为钢筋混凝土构造柱,简称构造柱。构造柱是从构造上起加固作用,但是不承受竖向荷载的构件,它不同于结构柱。

2. 作用

在抗震地区,设置钢筋混凝土构造柱是多层砌体建筑重要的抗震措施,因为钢筋混凝土构造柱与圈梁形成了具有较大刚度的空间骨架,从而增强了建筑物的整体刚度,提高了墙体的抗变形能力。

3. 位置

构造柱一般设在建筑物转角处、楼梯间四角处、内外墙交接处、较大洞口两侧等部位,其间距应满足《建筑抗震设计规范》(GB 50011—2010)的相关规定。

4. 构造要求

1)构造柱最小截面尺寸为 180mm×240mm,纵向钢筋宜为 4Φ12,箍筋间距不大于 250mm,且在柱的上下端宜适当加密。

2)构造柱与墙的连结处宜砌成马牙槎,并应沿墙高每 500mm 设 2Φ6 拉结筋,每边伸入墙内不少于 1m。

3)构造柱可不单独设基础,但应伸入室外地坪下 500mm,或锚入浅于 500mm 的基础梁内。

4)施工时应先放置构造柱钢筋骨架,后砌墙,随着墙体的升高而逐段现浇混凝土构造柱柱身。

构造柱的构造如图 3-37 所示。

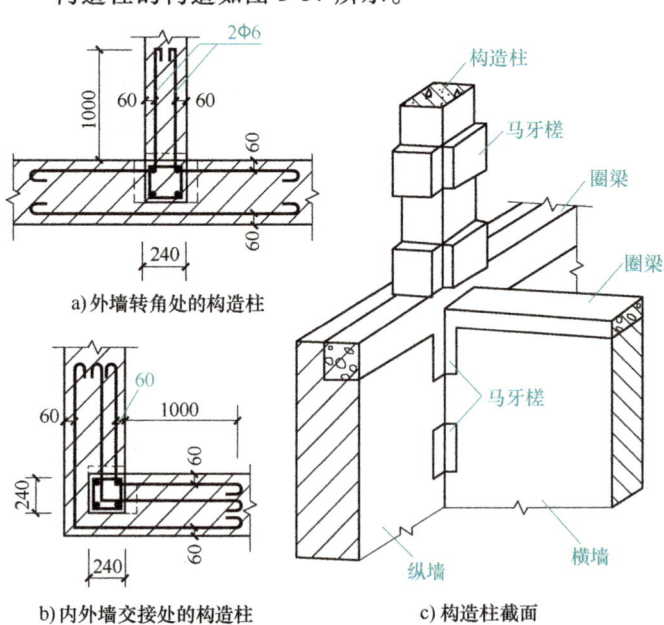

图 3-37 构造柱的构造

【学习检测】

1. 举例说明墙体细部构造的各个部分。
2. 简述墙体细部构造的要求。

3.4 墙面装饰的分类、作用及构造

3.4.1 墙面装饰的分类

1）墙面装饰按照位置不同分为外墙面装饰、内墙面装饰。
2）墙面装饰按照饰面材料的分类见表 3-2。

表 3-2 墙面装饰的分类

类别	室外装饰	室内装饰
抹灰类	水泥砂浆、混合砂浆、聚合物水泥砂浆、水刷石、干粘石、斩假石、假面砖等	纸筋灰、麻刀灰粉面、石膏粉面、膨胀珍珠岩灰浆、混合砂浆等
贴面类	外墙面砖、马赛克、水磨石板、天然石板等	釉面砖、人造石板、天然石板等
涂料类	石灰浆、水泥浆、溶剂型涂料、乳液涂料、彩色胶砂涂料等	大白浆、石灰浆、油漆、乳胶漆、水溶性涂料等
裱糊类	—	塑料墙纸、金属面墙板、木纹壁纸、花纹玻璃纤维布、纺织面墙纸及锦缎等
铺钉类	各种金属饰面板、石棉水泥板、玻璃等	各种木夹板、木纤维板、石膏板及装饰面板等

3）墙面装饰按照装饰要求不同分为一般装饰、高级装饰。

3.4.2 墙面装饰的作用

1. 外墙面装饰的作用

外墙面是构成建筑物外观的主要因素，直接影响到城市面貌和街景，因此外墙面一般应根据建筑物本身的使用要求和周围环境等因素来选择饰面，通常选用具有耐老化、耐光照、耐风化、耐水、耐腐蚀和耐大气污染等性能的外墙面饰面材料。外墙面装饰的基本功能为：

（1）保护墙体　外墙除作为承重墙承担结构荷载外，还是建筑物的主要外围护构件之一，具有遮风挡雨、保温隔热、隔声以及保证安全等作用。

外墙面装饰在一定程度上保护墙体不受外界的侵蚀和影响，可提高墙体防潮、耐腐蚀、耐老化的能力，提高墙体的耐久性和坚固性。对一些重点部位（如勒脚、踢脚板、窗台等处），应采用相应的装饰构造措施来保证墙体材料正常发挥作用。

（2）改善墙体的物理性能　通过对墙面进行装饰处理，可以弥补和改善墙体材料在功能方面的某些不足。墙体经过装饰后厚度加大，或者使用了有特殊性能的材料，能够提高墙体的保温、隔热、隔声等性能。

（3）美化建筑外立面　由于建筑外立面是人们在正常视野内所能观赏到的主要建筑形象，因此外墙面的装饰处理（即立面装饰）所体现的质感、色彩、线型等，对构成建筑的

总体艺术效果具有十分重要的作用。

2. 内墙面装饰的作用

（1）**保护墙体**　建筑物的内墙面装饰与外墙面装饰一样，也具有保护墙体的作用。例如浴室、厨房等处，室内湿度相对比较高，墙面会被溅湿，若墙面贴瓷砖或进行防水、隔水处理，墙体就不会受潮；人流较多的门厅、走廊等处，在适当高度上做墙裙，在内墙阳角处做护角线，可起到保护墙体的作用。

（2）**保证室内使用条件**　室内墙面经过装饰变得平整、光滑，不仅便于清扫和保持卫生，还可以增加亮度，提高室内的空间感，保证人们在室内的正常工作和生活需要。

当墙体本身热工性能不能满足使用要求时，可以在墙体内侧结合饰面做保温隔热处理，提高墙体的保温隔热能力。一些有特殊要求的空间，通过选用不同材料的饰面，能达到防尘、耐腐蚀、防辐射等目的。

内墙面装饰的另一个重要作用是增强墙体的声学性能，例如反射声波、吸声等。影剧院、音乐厅、播音室等公共建筑一般通过墙体、顶棚和地面的不同饰面材料所具有的反射声波及吸声性能，达到控制混响时间、改善音质和改善使用环境的目的。

（3）**美化室内环境**　内墙面装饰在不同程度上可起到装饰和美化室内环境的作用，这种装饰美化应与地面、顶棚等的装饰效果相协调，同家具、灯具及其他陈设相结合。

3.4.3　墙面装饰的构造

1. 抹灰类饰面

抹灰类饰面是用水泥砂浆、石灰砂浆或混合砂浆等做成的各种饰面抹灰层，根据使用要求不同分为一般抹灰饰面和装饰抹灰饰面。

（1）**一般抹灰饰面**　一般抹灰饰面是指用石灰砂浆、混合砂浆、聚合物水泥砂浆、麻刀灰、纸筋灰、石膏浆等对建筑物的面层进行抹灰。为保证抹灰牢固、平整，颜色均匀，面层不开裂、脱落，施工时应分层操作，且每层不宜抹得太厚。一般抹灰饰面的分层构造分为底层、中层和面层（图 3-38）。

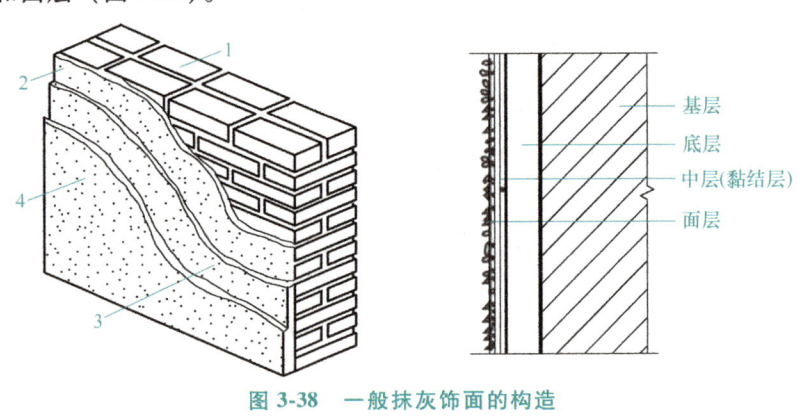

图 3-38　一般抹灰饰面的构造
1—基层　2—底层　3—中层　4—面层

（2）**装饰抹灰饰面**　装饰抹灰饰面是在一般抹灰饰面的基础上对抹灰表面进行装饰性加工，在使用工具和操作方法上与一般抹灰饰面有一定的差别，比一般抹灰饰面有更高的质量要求。

常见抹灰类饰面做法见表 3-3。

表 3-3 常见抹灰类饰面做法

抹灰类饰面名称	底层		面层		应用范围
	材料	厚度/mm	材料	厚度/mm	
混合砂浆抹灰饰面	1∶1∶6 水泥石灰膏混合砂浆	12	1∶1∶6 水泥石灰膏混合砂浆	8	一般砖、石墙面均可选用
水泥砂浆抹灰饰面	1∶3 水泥砂浆	14	1∶2.5 水泥砂浆	6	室外饰面及室内需防潮的房间、建筑物阳角
纸筋灰饰面、麻刀灰饰面	1∶3 石灰砂浆	13	纸筋灰或麻刀灰玻璃丝饰面	2	一般民用建筑的砖、石内墙面
石灰膏饰面	1∶2~1∶3 麻刀灰砂浆	13	石灰膏饰面	2~3	高级装饰的室内顶棚和墙面抹灰饰面
膨胀珍珠岩砂浆饰面	1∶2~1∶3 麻刀灰砂浆	13	水泥∶石灰膏∶膨胀珍珠岩=100∶(10~20)∶(3~5)(质量比)饰面	2	保温、隔热要求较高的建筑物内墙抹灰饰面
拉毛饰面	1∶0.5∶4 水泥石灰浆打底,底灰六七成干时刷素水泥浆一道	13	1∶0.5∶1 水泥石灰浆拉毛	根据拉毛长度确定	用于对声响要求较高的建筑物内墙面
喷毛饰面	1∶1∶6 水泥石灰膏混合砂浆	12	1∶1∶6 水泥石灰膏混合砂浆,用喷枪喷两遍	—	一般用于公共建筑的外墙面
扒拉灰饰面	1∶0.5∶4 水泥白灰砂浆	12	1∶1 水泥砂浆或1∶0.3∶4 水泥白灰砂浆罩面	10~12	一般用于公共建筑的外墙面
扒拉石饰面	同上	12	1∶1 水泥石渣浆	10~12	一般用于公共建筑的外墙面
假石砖饰面	1∶3 水泥砂浆打底	12	水泥∶石灰膏∶氧化铁黄∶氧化铁红∶砂=100∶20∶(6~8)∶2∶150(质量比),用铁钩及铁梳做出砖纹样	3~4	一般用于民用建筑外墙面或内墙局部装饰
	1∶1 水泥砂浆垫层	3			
斩假石饰面	1∶3 水泥砂浆刮素水泥浆一道	15	1∶1.25 水泥石渣浆	10	一般用于公共建筑的重点装饰部位
拉假石饰面	1∶3 水泥砂浆刮素水泥浆一道	15	1∶2 水泥石屑浆(体积比)	8~10	用于中低档公共建筑局部装饰
水刷石饰面	1∶3 水泥砂浆	15	1∶(1~1.5) 水泥石渣浆	石渣粒径的2.5倍	用于外墙重点装饰部位及勒脚装饰工程
干粘石饰面	1∶3 水泥砂浆	7~8	水泥∶石灰膏∶砂∶108胶=100∶50∶200∶(5~15)	4~5	用于民用建筑及轻工业建筑外墙面,但外墙底层不能采用

2. 贴面类饰面

贴面类饰面是利用各种天然或人造的板、块,通过绑、挂或直接粘贴于基层表面的装饰装修做法,主要有粘贴和挂贴两种做法。

贴面类饰面常用的贴面材料可分为三类:陶瓷制品,如瓷砖、面砖、陶瓷锦砖、玻璃马赛克等;天然石材,如大理石、花岗岩等;预制块材,如水磨石饰面板、人造石材等。由于贴面材料的形状、重量、适用部位不同,因此其构造方法也有一定差异,轻而小的贴面材料可以直接镶贴,构造比较简单,由底层砂浆、黏结层砂浆和贴面材料面层组成;大而厚重的贴面材料则必须采用一定的构造连接措施,通过粘贴和挂贴等方式加强与主体结构的连接。下面以饰面板为例来讲解贴面类饰面的构造。

(1) 饰面板的粘贴构造　饰面板的粘贴构造一般分为底层、黏结层和块材面层三个层次。具体施工时，先在基层上用15mm厚的1∶3水泥砂浆打底，然后抹一层10mm厚的1∶0.2∶2.5水泥石灰混合砂浆，再粘贴饰面板，如图3-39所示。粘贴饰面板的做法是将胶粘剂涂在板背面的相应位置，然后将带胶的板经就位、挤紧、找平、校正、扶直、固定等工序，粘贴在清理好的混合砂浆层上。

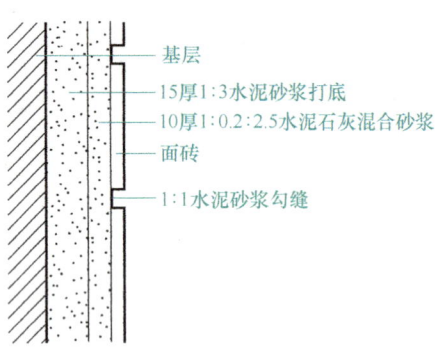

图3-39　饰面板的粘贴构造

(2) 饰面板的挂贴构造　饰面板挂贴的基本做法是在墙体或结构主体上先固定龙骨骨架，形成饰面板的结构层，然后利用粘贴、紧固件连接、嵌条定位等方法，将饰面板安装在骨架上。石材类饰面板的挂贴主要有湿挂（图3-40a）和干挂（图3-40b）两种形式。

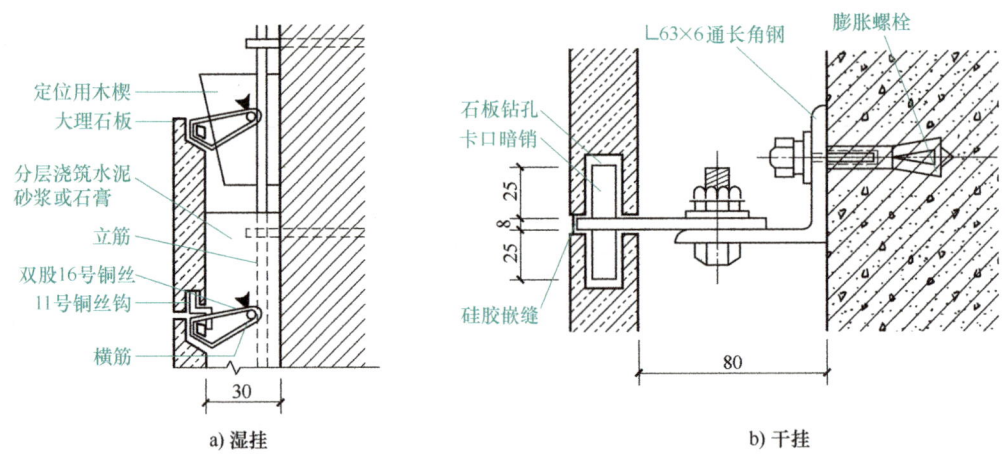

图3-40　石材类饰面板的挂贴

3. 涂刷类饰面

涂刷类饰面是指将各种涂料涂饰于基层表面制成整体牢固的涂膜层的装饰做法。这种装饰做法的特点是造价低、装饰性好、工期短、工效高、自重轻、操作简单、维修方便、更新快等。具体的施涂方法有刷涂、辊涂、喷涂和弹涂等。如图3-41所示为涂刷类饰面施工实例。

4. 卷材类饰面

卷材类饰面是将各种装饰用的墙纸、墙布、织锦缎通过裱糊、软包等方法制成的内墙面饰面。这种饰面的特点是装饰性强、造价低、工效高、材料更换方便，并可在曲面和墙面转折处粘贴，能获得连续的饰面效果。常用的卷材类饰面装饰材料有PVC塑料壁纸、纺织物面墙纸、金属面墙纸、玻璃纤维墙布等。

卷材类饰面主要的基层处理方式是刮腻子。对有防水和防潮要求的墙体，还应对基层做防潮处理，应在基层表面均匀涂刷防潮底漆。

卷材类饰面施工时应整幅粘贴，粘贴的顺序为先上后下、先高后低，施工原则是先垂直面，后水平面；先细部，后大面；先保证垂直，后对花拼缝。这里的"垂直面"是指先上

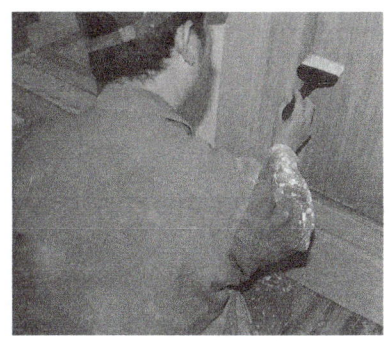

图 3-41 涂刷类饰面施工实例

后下，先长墙面后短墙面；"水平面"是指先高后低。粘贴时，要防止出现气泡，拼缝处应压实。卷材类饰面构造如图 3-42 所示。

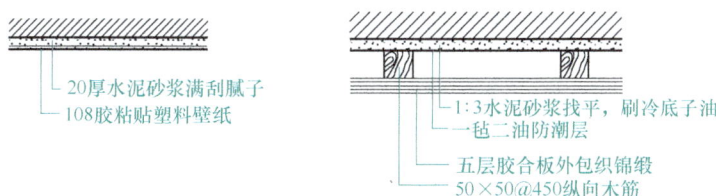

图 3-42 卷材类饰面构造

【学习检测】

1. 绘制墙面装饰分类的思维导图。
2. 观察身边的建筑物，举例说明墙面装饰的作用及分类。

3.5 幕墙的分类与构造

幕墙是建筑物外围护墙体的一种形式。幕墙一般不承重，形似挂幕，又称为悬挂幕，即悬挂于主体结构外侧的轻质围墙。幕墙的特点是装饰效果好、质量小、安装速度快，是外墙轻型化、装配化较理想的形式，因此在大型建筑和高层建筑中得到广泛应用。

3.5.1 幕墙的分类

1. 按面板的受力状态分类

按面板的受力状态不同，幕墙可分为构件式幕墙、单元体幕墙、点支承幕墙等。

2. 按面板的材料分类

按面板的材料不同，幕墙可分为玻璃幕墙、石材幕墙、铝板幕墙和陶板幕墙等。

3.5.2 幕墙的构造

1. 构件式幕墙

构件式幕墙的主要特点是所有支承结构材料都是以散件运到施工现场，在施工现场依次安装完成。构件式幕墙是目前市场上生产规模最大，也是技术最成熟的一种传统幕墙。构件式幕墙立柱与主体结构的连接方式如图3-43所示。

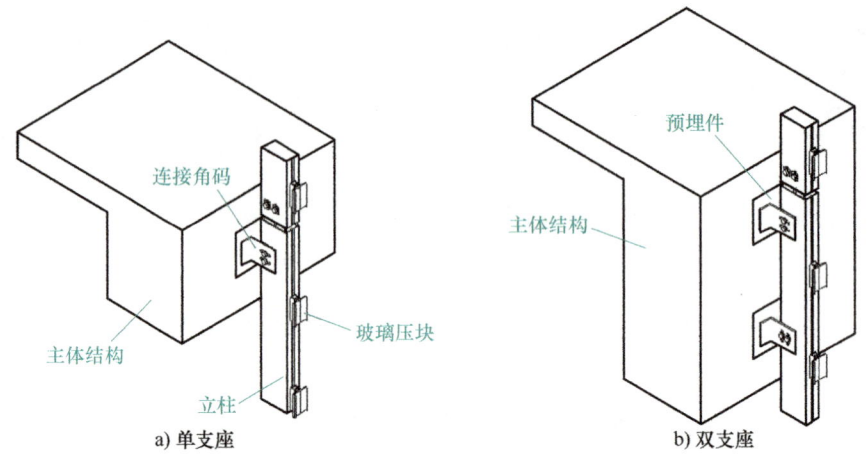

图3-43 构件式幕墙立柱与主体结构的连接方式

构件式幕墙依据面板外部结构形式的不同可分为隐框幕墙（图3-44a）、明框幕墙（图3-44b）、横隐竖明式幕墙（图3-44c）和横明竖隐式幕墙（图3-44d）。其中，横隐竖明

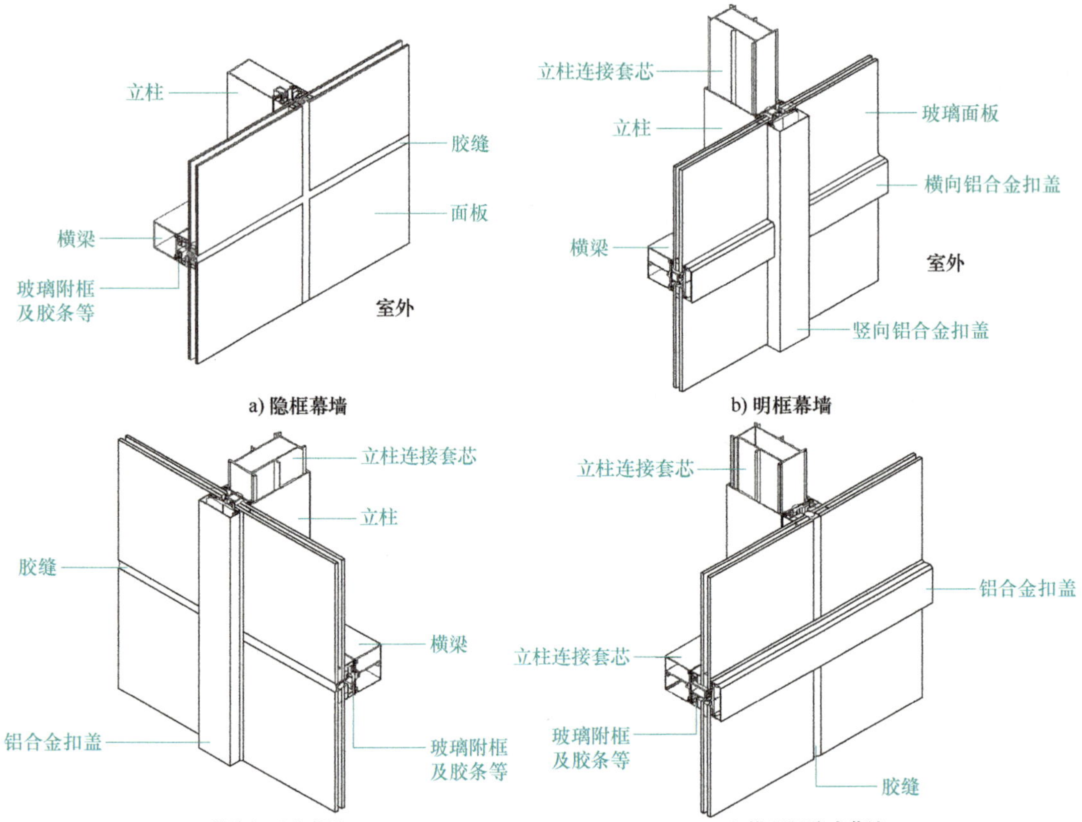

图3-44 构件式幕墙的类型

式幕墙是指横向是里面"挂"的金属框,而竖向是外面"压"的金属框;反之则是横明竖隐式幕墙。

2. 单元体幕墙

单元体幕墙是框支幕墙的一种,它的主要特点是幕墙立面分成若干独立的单元板块,每个单元板块都在工厂加工并拼装完成,然后整体运到施工现场,在施工现场只进行必要的板块拼装、调整即可完成幕墙施工。单元体幕墙的优点是板块加工精度高,施工现场工作量少,安装时间短;缺点是造价偏高,板块拼接处防水处理较复杂。单元体幕墙如图3-45、图3-46所示。

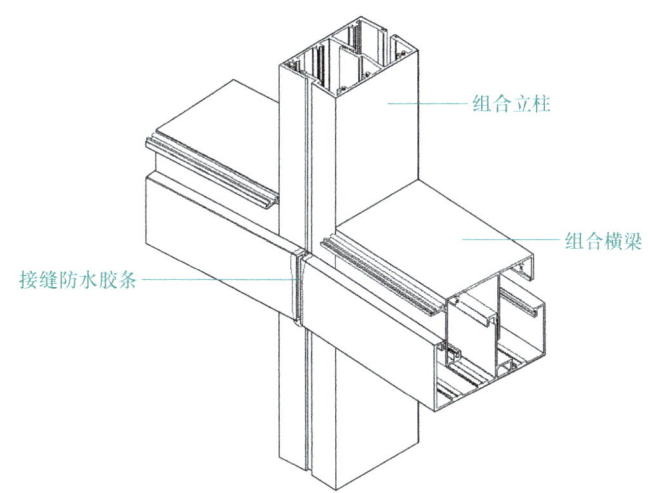

图3-45 单元体幕墙基本构造

图3-46 单元体幕墙安装

3. 玻璃幕墙

玻璃幕墙主要由骨架及各种玻璃组成,骨架又由各种型材以及连接与固定用的连接件、紧固件组成(图3-47)。玻璃幕墙利用玻璃的透明性,追求建筑物内外空间的通透和融合,表现出建筑装饰的艺术感、层次感和立体感。玻璃幕墙具有重量轻、选材简单、预制化生产、施工快捷、维修方便、易于清洗等特点。

玻璃是脆性材料,并且幕墙的面积较大,为了避免因温度变化产生的应力使玻璃幕墙开裂，密缝材料应采用弹性密封材料，而不宜采用传统的玻璃腻子，并且在玻璃的周边要留有一定的间隙（图3-48）。

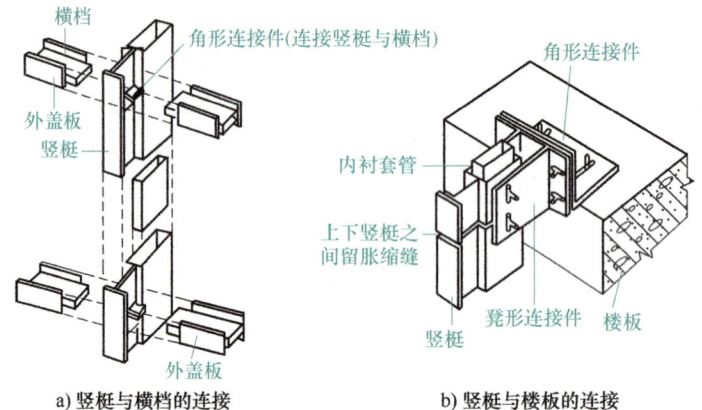

a) 竖梃与横档的连接　　　　b) 竖梃与楼板的连接

图3-47　玻璃幕墙铝框连接构造

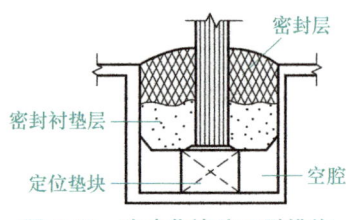

图3-48　玻璃幕墙防开裂措施

【学习检测】

1. 绘制本节内容的思维导图。
2. 举例说明身边的幕墙类型。

3.6　墙体识图训练

1) 指出图3-49中指引线1、2、3、4的墙体名称。

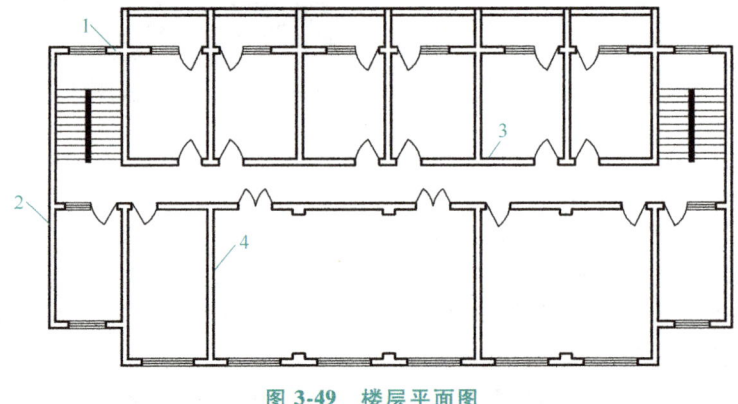

图3-49　楼层平面图

2）根据图 3-50，绘制其侧立面图。

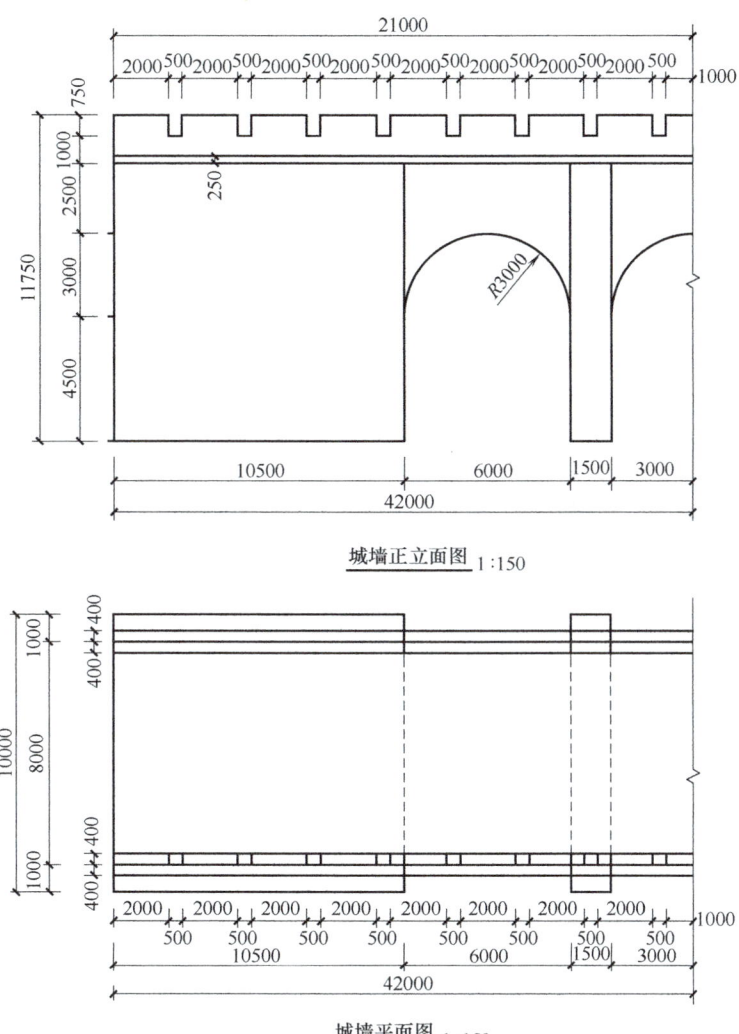

图 3-50 对称城墙的正立面图及平面图

3）（选做）根据第 2）题完成的城墙三视图，结合 BIM 建模软件，绘制城墙的三维模型。

单元小结

1）墙体是建筑物重要的承重结构，设计中需要满足强度、刚度和稳定性等结构要求。

2）墙体是建筑物重要的围护结构，设计中需要满足结构要求、热工要求、隔声要求、防火要求、防潮要求、防水要求，以及节能、环保要求。

3）墙体可以按照所在位置、受力状况、构造和施工方式、材料等进行分类。

4）墙体按施工方式不同可分为块材墙、板筑墙及板材墙三种。其中，块材墙因生产，制造及施工操作较简单，因此应用较广泛。本单元主要介绍了块材墙的材料和组砌方式。

5）墙体的细部构造包括勒脚、散水或明沟、门窗过梁、窗台、墙身防潮层、圈梁、构造柱、壁柱、门垛和防火墙等。墙身防潮层有水平防潮层和垂直防潮层两种形式。

7）非承重墙的内墙通常称为隔墙，起着分隔房间的作用。隔断是指把一个结构的一部分同另一部分分开，用分隔物把物体或空间分成几个部分。隔墙与隔断都是具有一定功能或装饰作用的建筑配件。本单元介绍了不同类型的隔墙和隔断的构造。

7）幕墙是建筑物外围护墙体的一种形式。幕墙一般不承重，幕墙的特点是装饰效果好、质量小、安装速度快，是外墙轻型化、装配化较理想的形式，因此在大型建筑和高层建筑中得到广泛应用。

思考与练习

一、填空题

1. 墙体是建筑物重要的组成部分，起着_____、_____、_____和_____的作用，同时还具有_____、_____、_____等功能。
2. 按照受力情况不同，墙体可分为_____和_____。
3. 墙体的承重方案包括_____、_____、_____和_____等。
4. 散水的宽度一般为_____，坡度为_____，并应比屋顶檐口宽出_____。
5. 常见的门窗过梁有_____、_____和_____。

二、简答题

1. 简述墙体的分类方式及类别。
2. 砖墙组砌的要点是什么？简述普通砖墙的优缺点。
3. 简述墙身水平防潮层的设置位置及类型。
4. 圈梁的作用及其设置要求是什么？
5. 常见的幕墙类型有哪些？各有何特点？

单元 4

建筑竖向承载体系的交通枢纽——楼梯、电梯与自动扶梯

【学习目标】
- ◇ 了解楼梯的组成。
- ◇ 掌握钢筋混凝土楼梯的细部构造。
- ◇ 掌握台阶与坡道的构造。
- ◇ 掌握电梯及自动扶梯的构造。

楼梯和电梯是建筑中的"交通工具",是建筑物竖向承载体系的交通枢纽,必须合理设计,严格按国家标准的规定施工。

4.1 初识楼梯

建筑物不同楼层的连接,需要有"交通工具",这些"交通工具"包括楼梯、电梯、自动扶梯、台阶、坡道和爬梯等,其中楼梯作为主要的"交通工具"和紧急疏散的主要设施得到了广泛的应用。

4.1.1 楼梯的组成

楼梯一般由楼梯段、楼梯平台、栏杆(或栏板)、扶手等部分组成,如图4-1所示。

1. 楼梯段

楼梯段是楼梯的主要使用构件和承重构件,它由若干个踏步组成。为减少人们上下楼梯时的疲劳感和适应人体行走的习惯,梯段踏步不宜超过18级,但也不应少于3级。

2. 楼梯平台

楼梯平台是连接两个梯段的水平连系构件,其作用是解决梯段的转向和楼层的连接问题,并可使人们在连续上楼时得到短暂的休息,所以又称为休

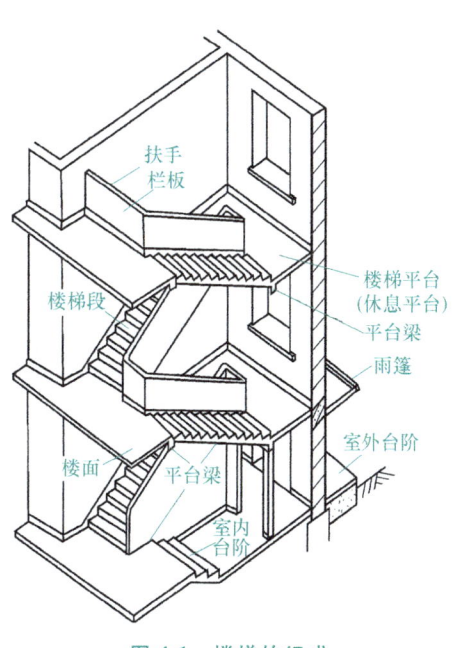

图 4-1 楼梯的组成

息平台。楼梯平台根据其在楼层中的位置不同，可分为楼层平台和中间平台。

3. 栏杆、扶手

栏杆是设置在楼梯梯段和平台边缘处起安全保障作用的围护构件。扶手一般设于栏杆顶部，也可附设于墙上（称为靠墙扶手）。当梯段宽度不大时，可只在楼梯临空面设置；当梯段宽度较大时，非临空面也应加设扶手；当梯段宽度很大时，则需在梯段中间加设中间扶手。另外，栏杆和扶手是具有较强装饰作用的建筑构件，对材料、色彩、形式和质感等都有一定的要求。

楼梯作为建筑空间竖向连系的主要构件，其位置应明显，起到提示及引导人流的作用，既要充分考虑造型美观、人流通行顺畅、行走舒适、结构安全、防火可靠等要求，又要满足施工和经济条件要求。因此，需要合理选择楼梯的形式、坡度、材料、构造做法，精心处理好细部构造。

4.1.2 楼梯的类型

1）楼梯按位置不同分为室内楼梯与室外楼梯。
2）楼梯按使用性质不同分为主要楼梯、辅助楼梯、安全楼梯、防火楼梯。
3）楼梯按材料不同分为钢筋混凝土楼梯、木楼梯、钢楼梯和组合楼梯。
4）楼梯按照封闭性不同分为封闭楼梯间（图 4-2a）、开放楼梯间（图 4-2b）、防烟楼梯间（图 4-2c）。

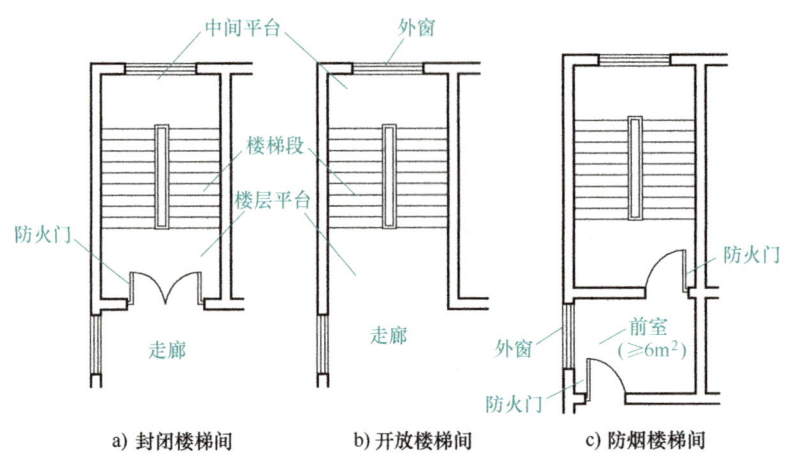

图 4-2 楼梯按封闭性分类

5）楼梯按平面形式不同分为单跑楼梯、双跑楼梯、折角楼梯、三跑楼梯、圆形楼梯、螺旋楼梯、弧形楼梯、交叉楼梯、剪刀楼梯、圆形楼梯等，如图 4-3 所示。

4.1.3 楼梯的设计要求与尺寸

1. 楼梯的设计要求

1）楼梯应与主要出入口临近，且位置明显；同时，还应避免垂直交通与水平交通在交界处发生人流拥挤、堵塞。
2）必须满足防火要求。楼梯间除了允许直接对外开窗采光外，不得向

楼梯构造
设计内容

单元4　建筑竖向承载体系的交通枢纽——楼梯、电梯与自动扶梯

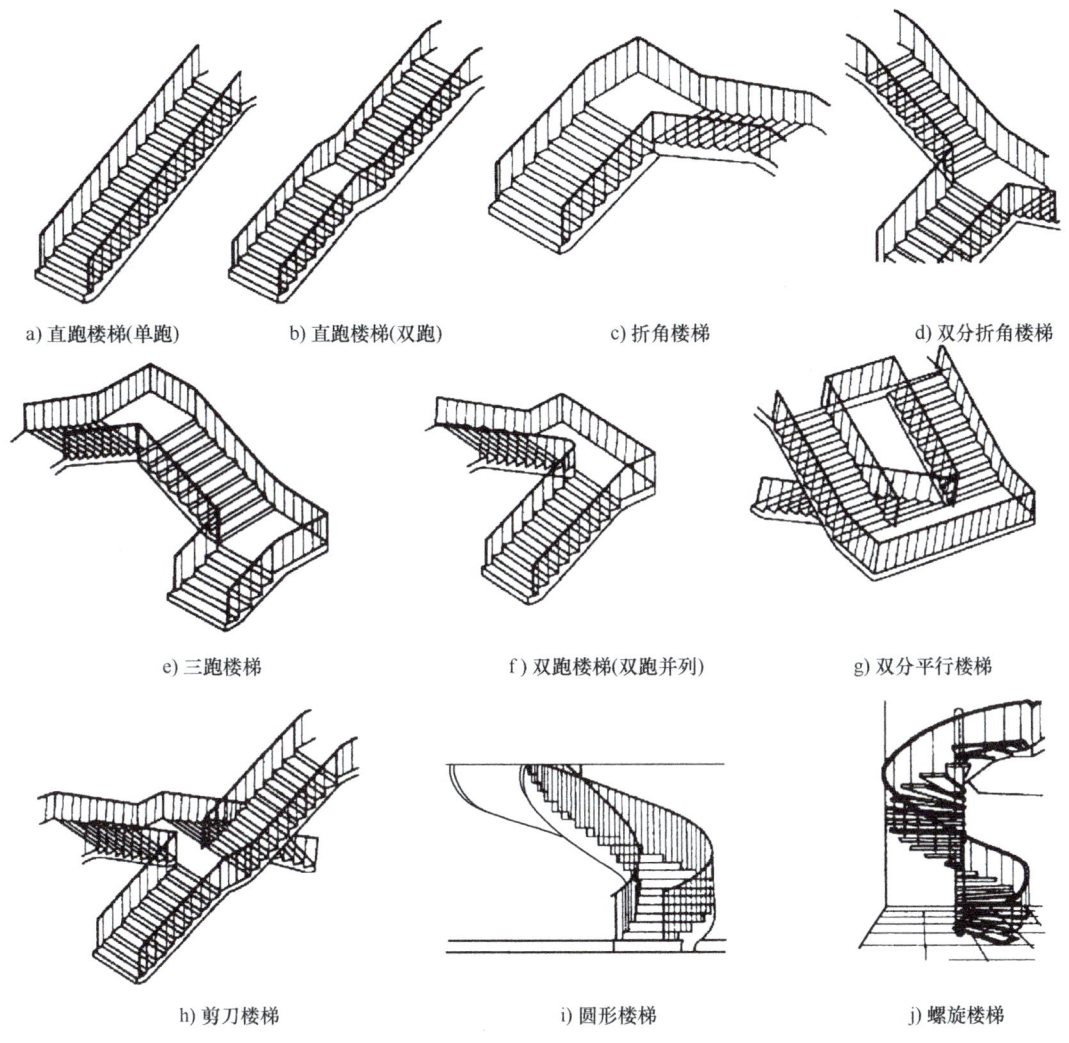

a) 直跑楼梯(单跑)　　b) 直跑楼梯(双跑)　　c) 折角楼梯　　d) 双分折角楼梯

e) 三跑楼梯　　f) 双跑楼梯(双跑并列)　　g) 双分平行楼梯

h) 剪刀楼梯　　i) 圆形楼梯　　j) 螺旋楼梯

图 4-3　楼梯按平面形式分类

室内任何房间开窗；楼梯间四周墙壁必须为防火墙；对防火要求较高的建筑物，特别是高层建筑，应设计成封闭楼梯间或防烟楼梯间，如图 4-2 所示。

3）楼梯间必须有良好的自然采光。

2. 楼梯的尺寸

（1）楼梯的坡度与踏步尺寸

1）楼梯的坡度。楼梯的坡度一般是指梯段的斜率，既可用斜面与水平面的夹角表示，也可用斜面在垂直面上的投影高和在水平面上的投影宽之比来表示。楼梯的坡度为 23°~45°，一般取 30°；当坡度小于 10°时，采用坡道；大于 45°时，由于坡度较陡，人们已经不容易自如地上下，需要借助扶手的助力扶持，此时则采用爬梯（图 4-4）。

确定楼梯的坡度时，要根据房屋的使用性质、人员行走方便、层高和节约楼梯间的面积等多方面因素综合考虑。对人流集中、交通量大的建筑，楼梯的坡度应小些；对使用人数较少、交通量小的建筑，楼梯的坡度可以大些。

2)楼梯踏步尺寸。楼梯坡度实质上与楼梯踏步密切相关,踏步高与宽之比可反映楼梯坡度。楼梯踏步由踏面和踢面组成,踏步尺寸包括踏步宽度 b 和踏步高度 h。踏步宽度与成年男子的平均脚长相适应,一般不宜小于 250mm,常取 250~350mm。为了适应人们上下楼梯时脚的活动情况,踏面宜适当宽一些。在不改变梯段长度的情况下,为加宽踏面,可将踏步的前缘挑出,形成凸缘,凸缘的挑出长度一般为 20~30mm,也可将踢面做成向外倾斜,使踏面实际宽度增加,如图 4-5 所示。

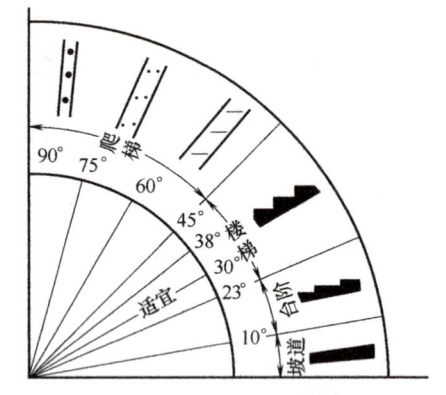

图 4-4 坡道、台阶、楼梯、爬梯的坡度范围

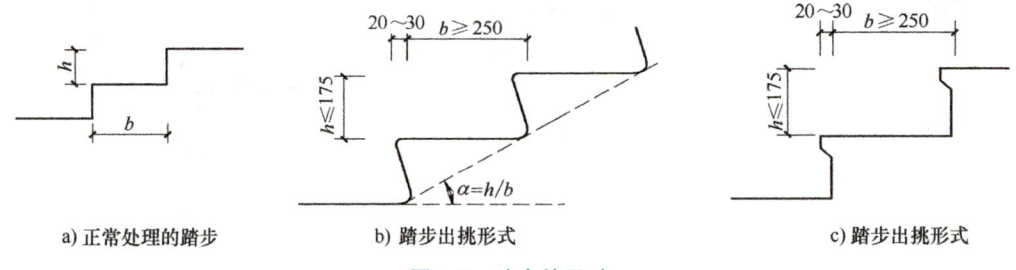

a) 正常处理的踏步　　b) 踏步出挑形式　　c) 踏步出挑形式

图 4-5 踏步的尺寸

踏步高度一般取 120~175mm,各级踏步高度均应相同。通常情况下可根据经验公式来取值。

$$b+2h=600\text{mm}$$

或

$$h+b\approx 450\text{mm}$$

式中　b——踏步宽度（踏面）；

　　　h——踏步高度（踢面），一般不应大于 175mm。

常用楼梯踏步尺寸见表 4-1。

表 4-1　常用楼梯踏步尺寸　　　　　　　　　　　　　　（单位：mm）

楼梯类别	踏步宽度 b	踏步高度 h
住宅公用楼梯	250~300	150~175
幼儿园楼梯	260~300	120~150
医院、疗养院楼梯	300	150
学校、办公楼楼梯	280~340	140~160
剧院、会堂楼梯	300~350	120~150

对弧形楼梯和无中柱的螺旋楼梯,由于其踏步两端宽度不一,特别是内径较小,因此为了行走的安全,往往需要将踏步的宽度加大,即当梯段的宽度小于等于 1100mm 时,以梯段中线处的踏步宽度作为有效宽度；当梯段的宽度大于 1100mm 时,以距其内侧 300~350mm 处的踏步宽度作为有效宽度。

（2）梯段和平台的尺寸

1)梯段的宽度。梯段的宽度是指梯段临空侧扶手中心线到另一侧墙面（或靠墙扶手中心线）之间的水平距离。梯段的宽度必须满足上下人流及搬运物品的需要，从确保安全的角度出发，梯段的宽度是由通过该梯段的人流数确定的。除应符合防火规范的规定外，供日常主要交通用的楼梯的梯段宽度还应根据建筑物的使用特征，按每股人流宽［550+（0~150）］mm的人流股数确定，且不少于两股人流，其中"（0~150）"是人流行进中人体的摆幅，人流较多的公共建筑应取上限。表4-2、图4-6为梯段宽度的设计依据。

表 4-2 梯段宽度的设计依据

类别	梯段宽度/mm	备注
单人通过	≥900	满足单人携物通过
双人通过	1100~1400	—
三人通过	1650~2100	—

注：计算依据为每股人流宽度［550+（0~150）］mm。

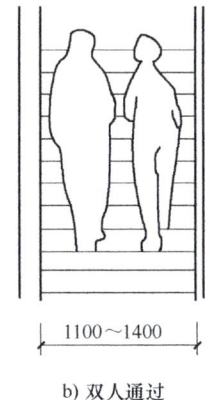
a) 单人通过

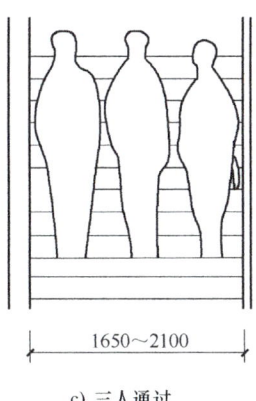
b) 双人通过

c) 三人通过

图 4-6 梯段宽度的设计依据

为方便施工，在钢筋混凝土现浇楼梯的两梯段之间应有一定的距离，这个距离称为梯井宽度，其尺寸一般为150~200mm。

梯段的长度 L 取决于该梯段的踏步数及其踏步宽度。如果某楼梯有 n 步台阶的话，那么该楼梯梯段的长度为 $b(n-1)$，梯段的尺寸如图4-7所示。

2）平台宽度。为了保证通行顺畅和搬运物件方便，楼梯平台的宽度应不小于梯段的宽度，如图4-8所示。

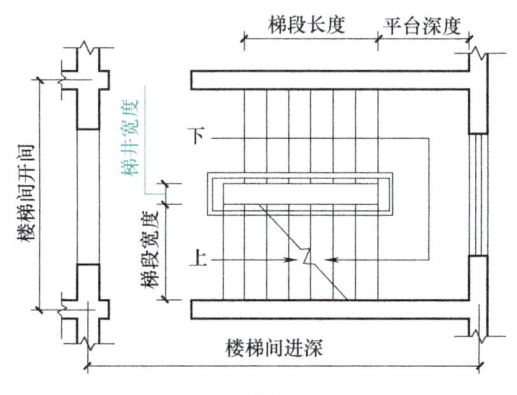

图 4-7 梯段的尺寸

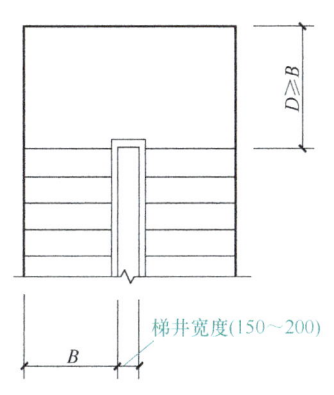

图 4-8 梯段宽度和平台宽度的尺寸关系

（3）楼梯栏杆、扶手的尺寸　楼梯栏杆、扶手的高度是指从踏面前缘至扶手上表面的垂直距离。楼梯扶手的高度与楼梯的坡度、楼梯的使用要求有关，很陡的楼梯，扶手的高度要矮些；坡度平缓时，扶手高度可稍大些。一般室内楼梯栏杆、扶手的高度不宜小于900mm（通常取900mm），室外楼梯栏杆、扶手的高度应不小于1100mm。在幼儿建筑中，需要在600mm高度处再增设一道扶手，以适应儿童的身高，如图4-9所示。另外，与楼梯有关的水平护身栏杆高度应不低于1650mm。顶层平台处的水平栏杆高度不小于1050mm，如图4-9所示。当梯段的宽度大于1650mm时，应增设靠墙扶手；梯段宽度超过2200mm时，还应增设中间扶手。为保证儿童的使用安全，楼梯栏杆垂直杆件之间的净距不应大于110mm。

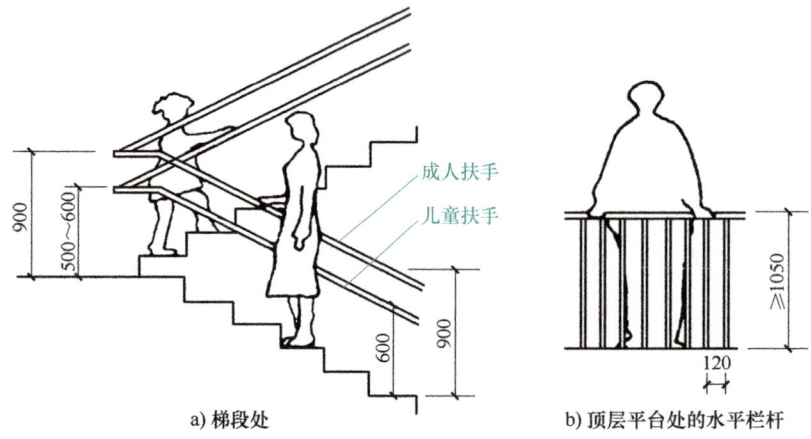

图4-9　楼梯栏杆和扶手的尺寸

（4）楼梯的净空高度　楼梯的净空高度是指梯段的任何一级踏步至上一层平台梁底的垂直高度，或底层地面至底层平台（或平台梁）底的垂直距离，或下层梯段与上层梯段之间的高度。为保证在这些部位通行或搬运物件时不受影响，其净高在平台处应大于2000mm，在梯段处应大于2200mm，如图4-10所示。

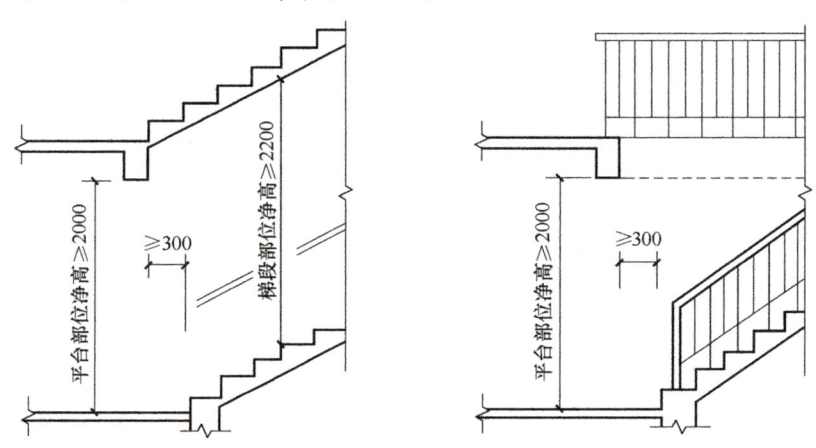

图4-10　楼梯及平台净高要求

当楼梯底层中间平台下方有出入口时，为保证下方空间净高不小于2000mm，常采用以下几种处理方法。

1) 将楼梯底层设计成"长短跑",让第一跑的踏步数量多些,第二跑的踏步数量少些,利用踏步数量来调节下部净空的高度,这种做法会加大楼梯间的进深尺寸,如图 4-11a 所示。

2) 利用室内外高差,保持楼梯长度不变,降低底层中间平台下的地面标高,增大入口处中间平台与地面的相对高度,如图 4-11b 所示。

3) 将上述两种方法结合,即降低底层中间平台下的地面标高,同时增加楼梯底层第一个梯段的踏步数量,如图 4-11c 所示。

4) 将底层楼梯改为单跑楼梯,如图 4-11d 所示。这种方式多用于少雨地区的住宅建筑,但要注意入口处雨篷底面标高的位置,保证通行净空高度的要求。

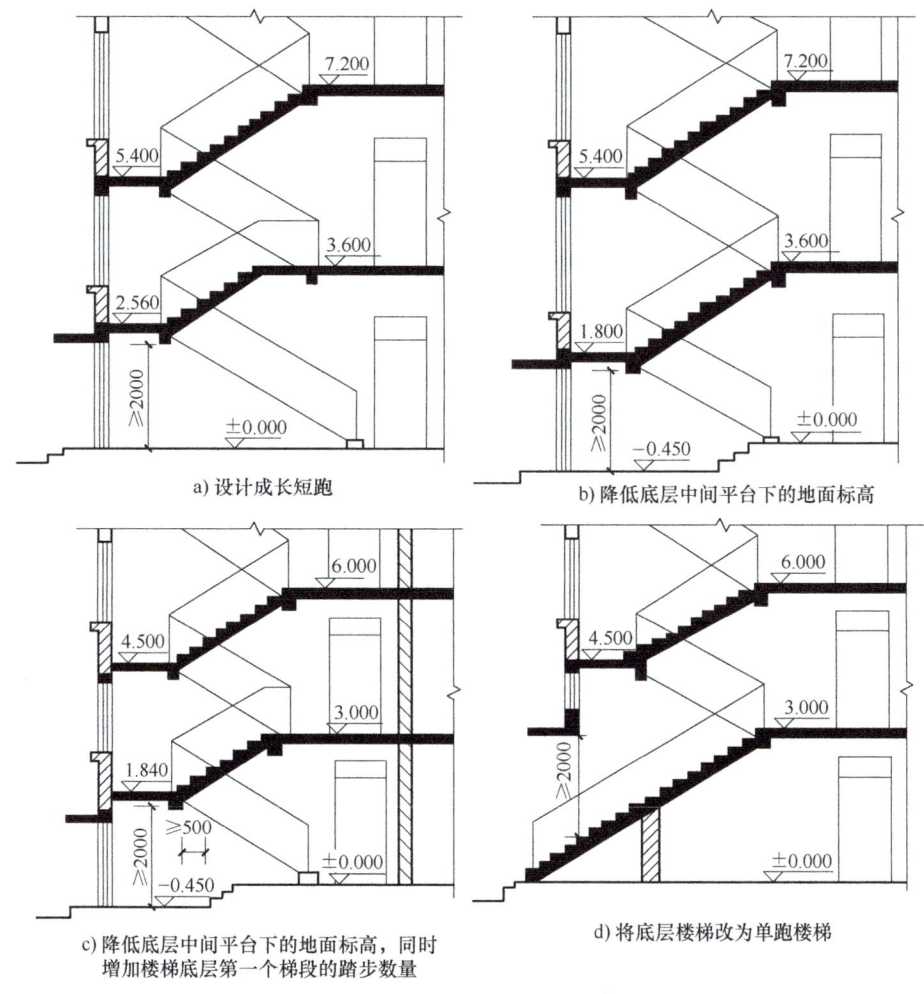

图 4-11 楼梯底层中间平台下方有出入口的处理方式

【学习检测】

1. 楼梯要满足哪些设计要求?
2. 楼梯的踏步尺寸和高度是如何规定的?

4.2 钢筋混凝土楼梯的构造

楼梯承担着建筑中的安全疏散功能，所以对其耐火性能要求很高，钢筋混凝土的耐火性和耐久性能都好于木材和钢材，所以民用建筑中多采用钢筋混凝土楼梯。

4.2.1 钢筋混凝土楼梯的分类

1. 现浇整体式钢筋混凝土楼梯

现浇整体式钢筋混凝土楼梯结构整体性好、刚度大，能适应各种楼梯间平面形式和楼梯形式，可以充分发挥钢筋混凝土的特性；但由于需要现场支模，模板耗费较大，施工周期较长并且抽孔困难，不便于做成空心构件，所以多用于楼梯形式复杂或抗震要求较高的建筑中。

2. 预制装配式钢筋混凝土楼梯

预制装配式钢筋混凝土楼梯是将组成楼梯的各个部分分成若干个小构件，在预制厂或现场预制后，再到现场组装。预制装配式钢筋混凝土楼梯能提高建筑工业化程度，具有施工速度快、受气候影响小、质量容易保证等优点；但施工时需要配套起重设备，投资较多，施工灵活性较差。

4.2.2 现浇整体式钢筋混凝土楼梯

现浇整体式钢筋混凝土楼梯按梯段特点及结构形式的不同，可分为板式楼梯和梁板式楼梯。

1. 板式楼梯

对于板式楼梯，可以把梯段看作一块斜放的梯板，梯板分为有平台梁和无平台梁两种情况。有平台梁板式楼梯（图4-12a）的梯段两端放置在平台梁上，平台梁之间的距离为梯段的跨度。其传力过程为：梯段→平台梁→楼梯间墙。无平台梁板式楼梯（图4-12b）是将梯段和平台板组合成一块板，这时板的跨度为梯段的水平投影长度与平台宽度之和。

板式楼梯底面光洁平整，外形美观，便于支模施工；但是当梯段跨度较大时，梯段板较厚，混凝土和钢筋的用量随之增加，因此板式楼梯在梯段跨度不大时（一般在3m以下）采用比较经济。

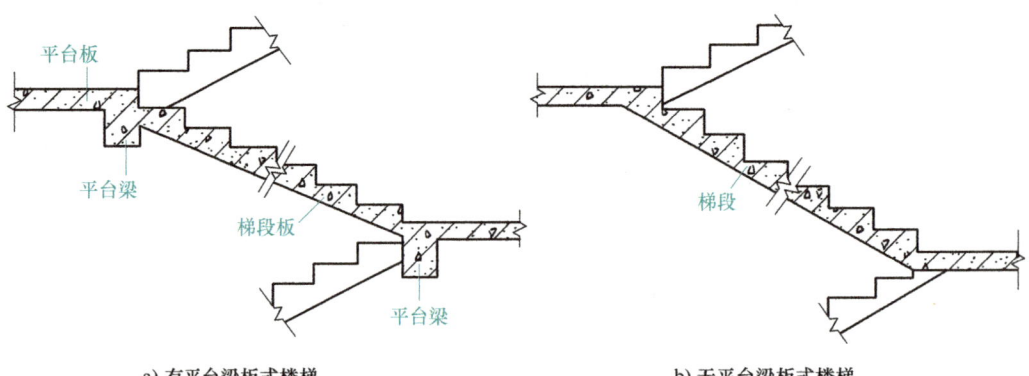

a) 有平台梁板式楼梯 b) 无平台梁板式楼梯

图4-12 现浇整体式钢筋混凝土板式楼梯

2. 梁板式楼梯

梁板式楼梯的梯段由踏步板和斜梁组成，踏步板把荷载传给斜梁，斜梁两端支承在平台梁上。其传力过程为：踏步板→斜梁→平台梁→楼梯间墙。梁板式楼梯在结构布置上有双梁布置和单梁布置之分。双梁布置梁板式楼梯是将梯段斜梁布置在踏步板的两端，踏步板的跨度即梯段的宽度，这样板跨小，对受力有利；单梁布置梁板式楼梯是近年来公共建筑中采用较多的一种结构形式，每个梯段只有一根梯段斜梁支承踏步板，梯段斜梁布置在踏步板端形成单梁悬臂楼梯或在踏步板的中间形成单梁挑板楼梯，如图 4-13 所示。梁板式楼梯具有跨度大、承载力高、刚度大的特点，适用于荷载较大、层高较大的建筑，如教学楼、商场等。

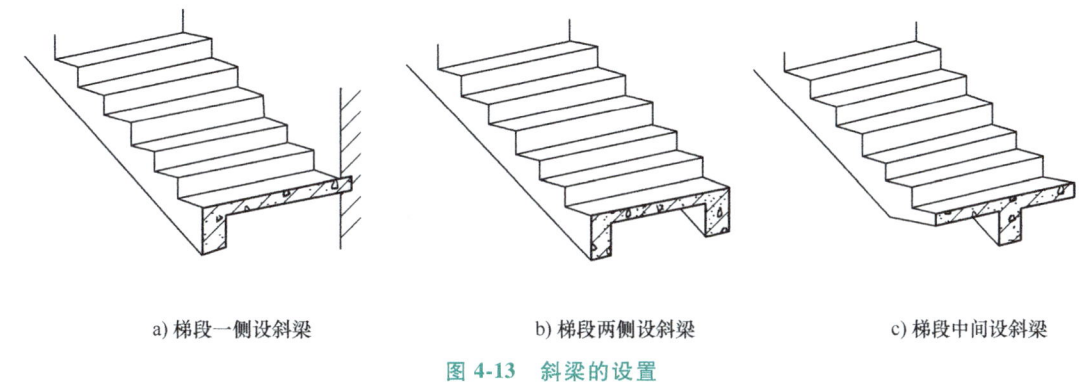

a) 梯段一侧设斜梁　　b) 梯段两侧设斜梁　　c) 梯段中间设斜梁

图 4-13　斜梁的设置

根据梯梁和踏步板的位置关系不同，梁板式楼梯又可分为明步和暗步两种。明步梁板式楼梯的斜梁一般设两根，位于踏步板两侧的下部，这时踏步板外露，如图 4-14a 所示；暗步梁板式楼梯的斜梁位于踏步板两侧的上部，这时踏步板被斜梁包在里面，如图 4-14b 所示。

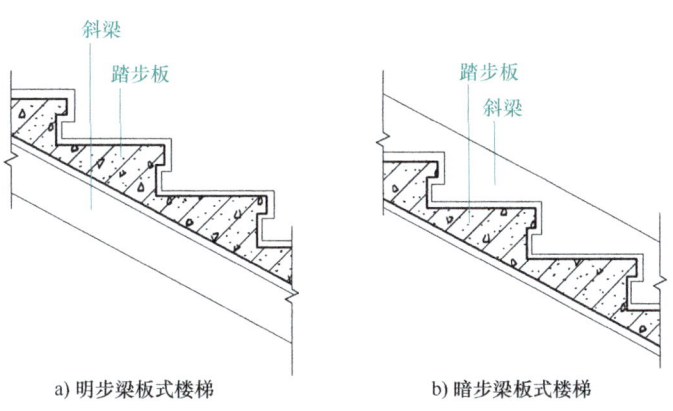

a) 明步梁板式楼梯　　b) 暗步梁板式楼梯

图 4-14　梁板式楼梯

4.2.3　预制装配式钢筋混凝土楼梯

预制装配式钢筋混凝土楼梯是将楼梯构件在工厂或施工现场进行预制，施工时将预制构件在现场进行装配。这种楼梯现场湿作业少，施工速度快；但整体性较差。按照组成楼梯的构件尺寸和装配程度不同，预制装配式钢筋混凝土楼梯有小型构件装配式楼梯、中型构件装配式楼梯和大型构件装配式楼梯等形式。

1. 小型构件装配式楼梯

小型构件装配式楼梯是将踏步板与承重结构分开预制，将踏步板作为基本构件。这种楼梯具有构件尺寸小、质量小、加工容易，以及运输、安装方便等特点；但施工工序较多，建筑工业化水平较低。

预制踏步板的断面形式常用的有一字形、L形和三角形等，如图4-15所示。小型构件装配式楼梯按照预制踏步板的支承方式分类主要有墙承式楼梯、梁承式楼梯和悬挑式楼梯三种类型。

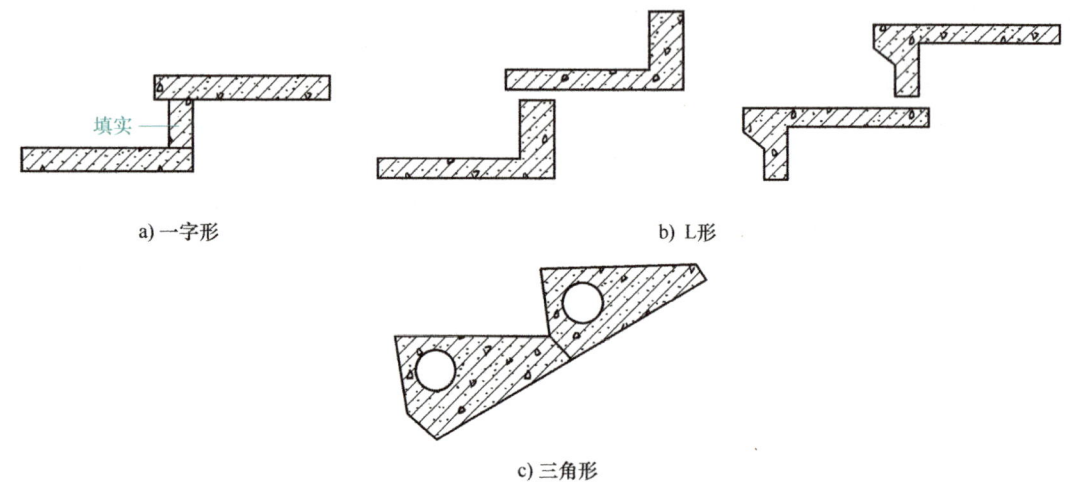

图 4-15　预制踏步板的断面形式

（1）墙承式楼梯　墙承式楼梯是把预制的踏步板搁置在两侧的墙上，并按事先设计好的布置方案，依次升降、移动，最后形成梯段。此时，踏步板相当于一块简支板，摆脱了对平台梁的依赖，可以不设平台梁，以增加平台下面的净高。通常可将墙承式楼梯的踏步板做成L形，也可做成三角形。平台板一般采用实心板，也可以采用空心板和槽形板。为了保证行人的通行安全，应在楼梯间的侧墙上设置扶手，如图4-16所示。墙承式楼梯适用于二层建筑的直跑楼梯或中间设有电梯井道的三跑楼梯。

图 4-16　墙承式楼梯

（2）梁承式楼梯　梁承式楼梯是将踏步板支承在预制斜梁上，形成梯段，斜梁支承在平台梁上，有梁板式梯段和板式梯段两种形式，如图 4-17 所示。梁承式楼梯在构造设计中要考虑两个方面问题：一方面是踏步板在斜梁上的搁置构造；另一方面是斜梁在平台梁上的搁置构造。

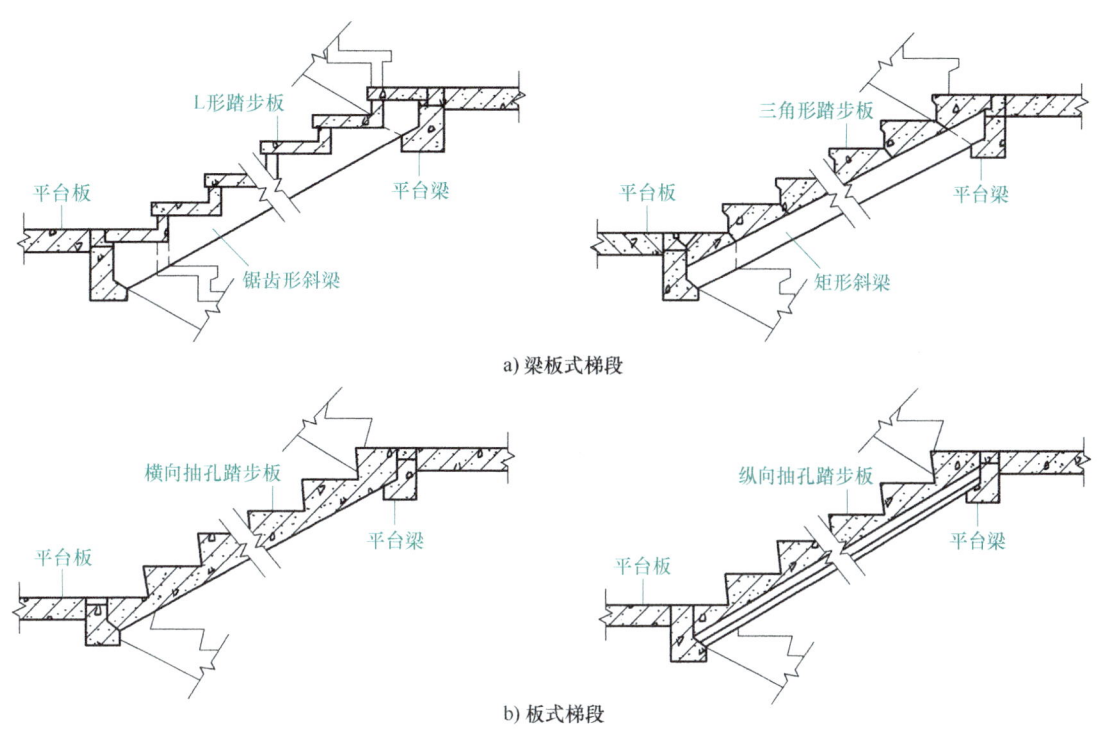

图 4-17　梁承式楼梯

斜梁在平台梁上的搁置构造与平台处上下行梯段的踏步板相对位置有关。平台处上下行梯段的踏步板相对位置一般有三种：一是上下行梯段同步，搁置构造如图 4-18a 所示；二是

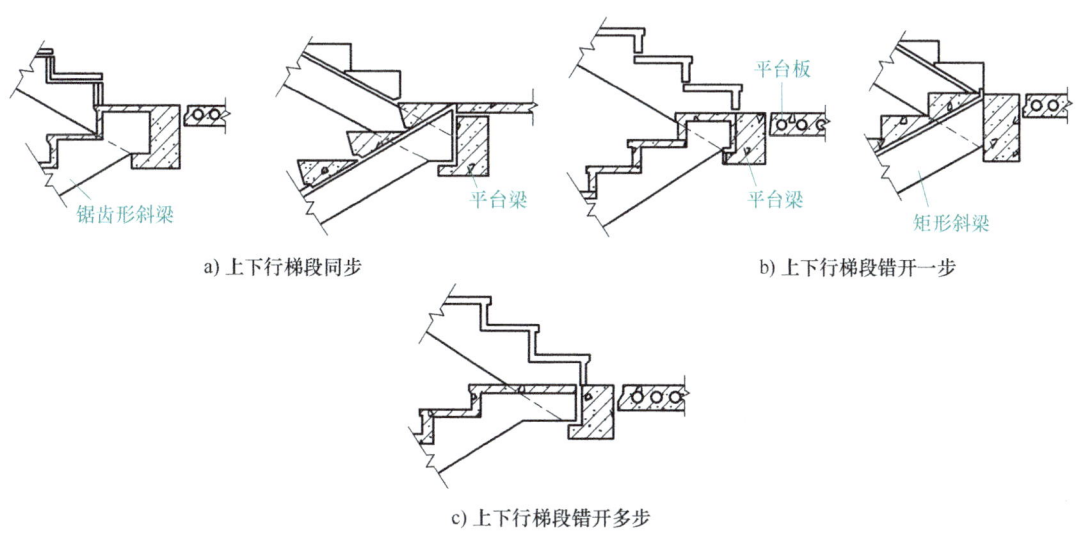

图 4-18　斜梁在平台梁上的搁置构造

上下行梯段错开一步，搁置构造如图 4-18b 所示；三是上下行梯段错开多步，搁置构造如图 4-18c 所示。平台梁既可采用等截面的 L 形梁，也可采用两端带缺口的矩形梁。

（3）悬挑式楼梯　悬挑式楼梯又称悬臂式楼梯，它是将预制踏步板的一端固定在墙上，另一端悬挑，形成悬臂构件，全部荷载通过踏步板传递到墙体，如图 4-19 所示。预制踏步板一般有 L 形和一字形两种，楼梯间两端的墙体厚度不应小于 240mm，踏步板的悬挑长度一般不超过 1500mm。

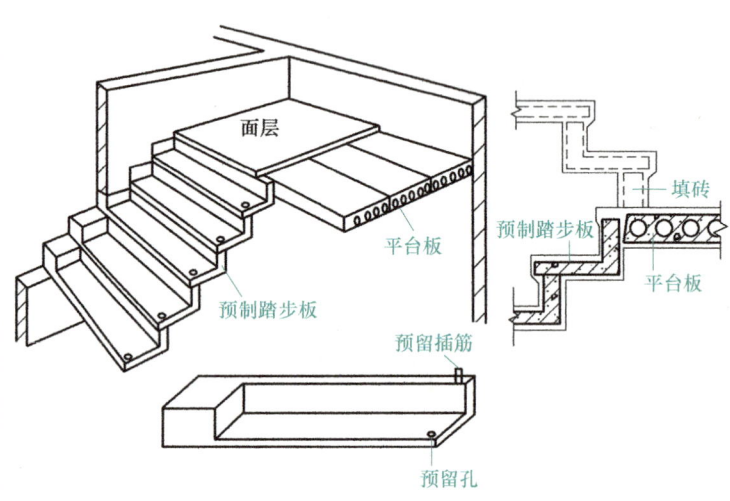

图 4-19　悬挑式楼梯

2. 中型及大型构件装配式楼梯

中型构件装配式楼梯一般由预制梯段、平台梁、平台板等构件组合而成。大型构件装配式楼梯是将预制梯段与平台板组成一个构件，如图 4-20 所示，从而减少预制构件的种类和数量、简化施工过程、减轻劳动强度、加快施工速度；但施工时需用中型及大型吊装设备，主要用于装配式建筑中。

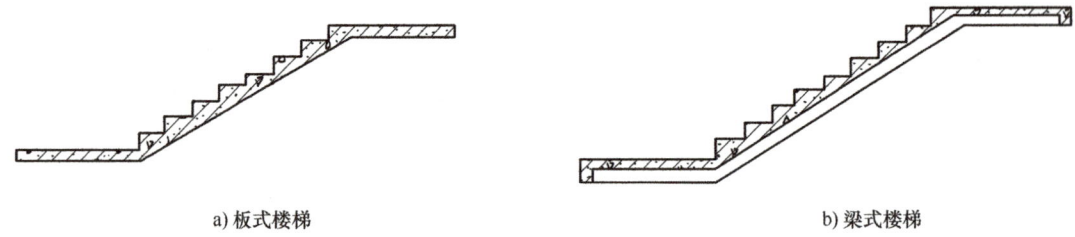

图 4-20　大型构件装配式楼梯

（1）平台板　中型及大型构件装配式楼梯的平台板有带梁和不带梁两种，常采用空心板、槽形板或平板。采用空心板或槽形板时，一般平行于平台梁布置；采用平板时，一般垂直于平台梁布置。

带梁平台板是把平台梁和平台板制作成一个构件，平台板一般采用槽形板，其中一个边肋截面加大，并留出缺口，以供搁置楼梯段用。中型及大型构件装配式楼梯的顶层平台板的细部处理与其他各层略有不同,边肋的一半留有缺口,另一半不留缺口,但应设置预埋件或插孔,供安装栏杆用,如图 4-21 所示。

(2) 预制梯段 预制梯段有板式梯段和梁板式梯段两种形式。

1) 板式梯段按构造方法不同有实心梯段和空心梯段两种类型,如图 4-22 所示。实心梯段自重较大,在起重或运输设备不足时,可沿梯段宽度方向分块预制,安装时拼成整体。空心梯段有纵向抽孔和横向抽孔两种形式,孔形有圆形和三角形。当板厚较大时,宜采用纵向抽孔,否则应采用横向抽孔。

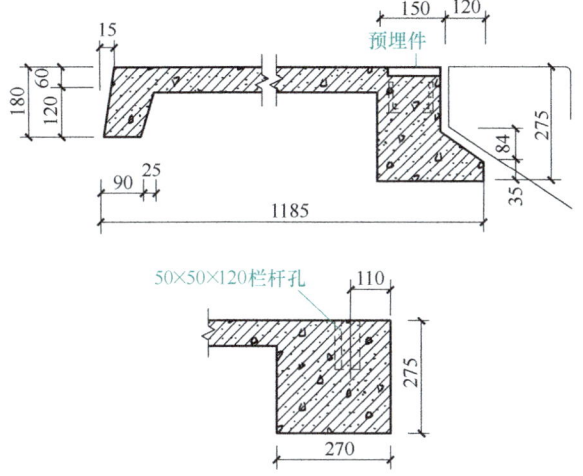

图 4-21 中型及大型构件装配式楼梯的顶层平台板

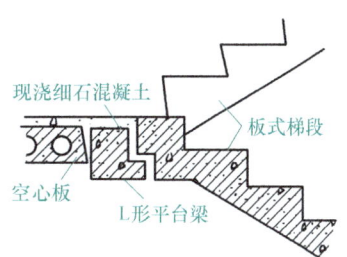

图 4-22 中型及大型构件装配式楼梯的板式梯段

2) 梁板式梯段由踏步板和斜梁组合而成。为减轻自重,可采用 L 形踏步板和抽孔三角形踏步板。斜梁可设在踏步板两端,或只在梯段一侧设置,另一侧由墙体代替,也可以只在中间设置一根斜梁。

(3) 梯段的搁置 用来搁置梯段的平台梁,其断面一般为 L 形,其出挑翼缘的顶面有平面和斜面两种形式。梯段与平台处有两种连接方法,一种方法是通过预埋件焊接,如图 4-23a 所示;另一种方法是将梯段预留孔套接在平台梁的预埋插筋上,孔内用水泥砂浆填实,如图 4-23b 所示。底层第一跑梯段的下端应设基础或基础梁,如图 4-23c、d 所示。

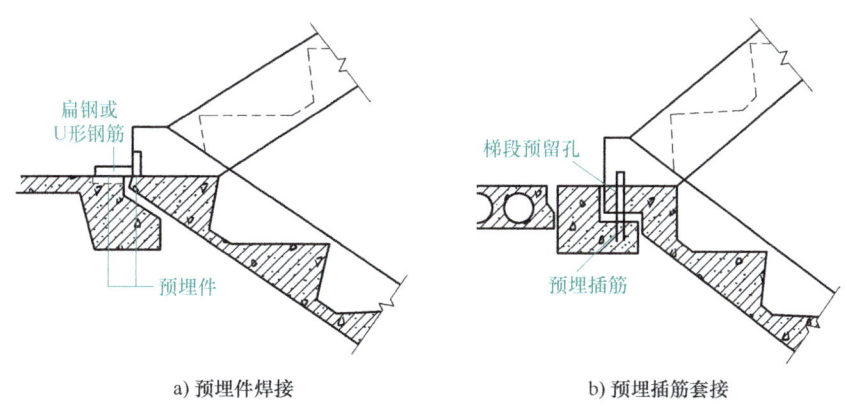

图 4-23 梯段的搁置

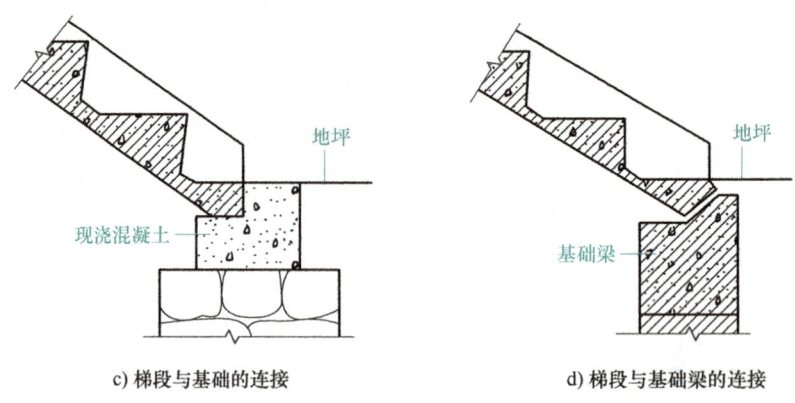

c) 梯段与基础的连接　　　　d) 梯段与基础梁的连接

图 4-23　梯段的搁置（续）

【学习检测】

1. 观察身边的建筑物楼梯，举例说明有哪些类型的楼梯。
2. 举例说明现浇整体式钢筋混凝土楼梯和预制装配式钢筋混凝土楼梯的异同。

4.3　楼梯细部构造

4.3.1　踏步面层及防滑措施

踏步面层应当平整光滑，耐磨性好。公共建筑楼梯的踏步面层经常与走廊的地面面层采用相同的材料。面层材料要便于清扫，并且应当具有较好的装饰效果，常见的有水泥砂浆、水磨石、各种石材、地面砖等，如图 4-24 所示。

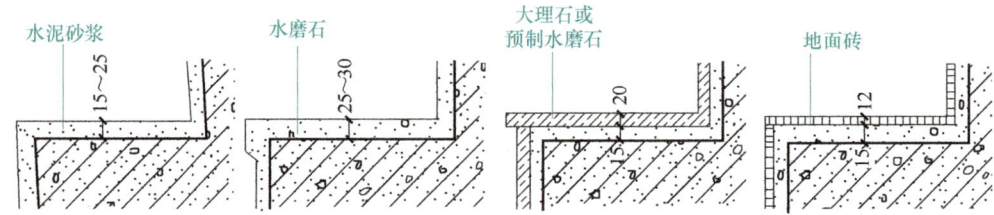

图 4-24　踏步面层的材料

通行人流量大或踏步表面光滑的楼梯，为防止行人在行走的时候滑倒，踏步表面应采取防滑和耐磨措施，通常是在踏步的踏口处做防滑条。防滑材料可采用地面砖、金刚砂、塑料条、橡胶条、金属条、马赛克等，如图 4-25 所示。最简单的防滑处理方法是在做踏步面层时，留两三道凹槽，但凹槽在使用中易被灰尘填满，使防滑效果不够理想，且易破损。具体施工时，防滑条或防滑凹槽的长度一般按踏步板长度每边减去 15cm。还可以采用耐磨防滑材料（如地面砖、铸铁等）做防滑包口，既防滑又可起到保护作用。标准较高的建筑，可铺设地毯来防滑；或采用防滑塑料盒橡胶贴面，这种处理方式有一定弹性，人在上面行走起来也很舒适。另外，踏步前缘也是踏步磨损最厉害的部位，同时也容易受到其他硬物的破坏，设置防滑措施可以提高踏步前缘的耐磨程度，起到保护作用。

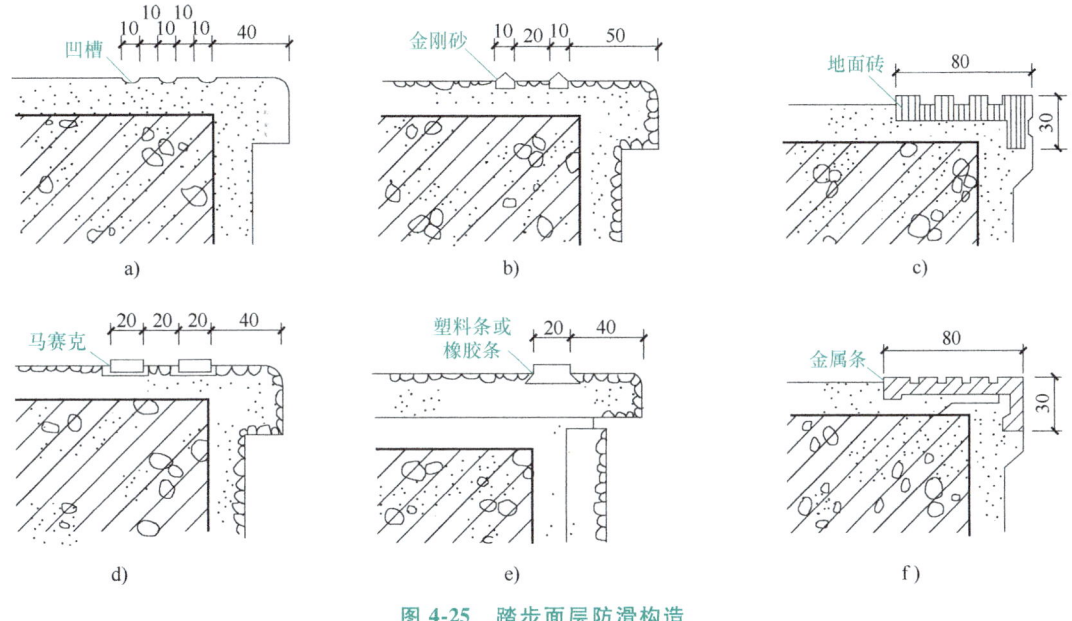

图 4-25 踏步面层防滑构造

4.3.2 栏杆、栏板和扶手构造

1. 栏杆和栏板

（1）栏杆　栏杆多用方钢、圆钢、扁钢等型材焊接或铆接成各种图案，既起防护作用，又有一定的装饰效果。栏杆与梯段应有可靠的连接，连接方法主要有预埋件焊接，就是将栏杆的立杆与梯段中预埋的钢板或套管焊接在一起；预留孔洞插接，就是将栏杆的立杆端部做成开脚或倒刺状，然后插入梯段预留的孔洞内，再用水泥砂浆或细石混凝土填实，或用螺栓连接；在踏步板侧面预留孔洞或设置预埋件进行连接等。

（2）栏板　栏板多用钢筋混凝土、加筋砖砌体、有机玻璃等制作。对砖砌栏板，当栏板厚度为 60cm 时（即用标准砖侧砌），外侧要用钢筋网加固，再用钢筋混凝土扶手与栏板连成整体。现浇整体式钢筋混凝土楼梯的栏板经支模、绑扎钢筋后，与梯段整体浇筑；预制装配式钢筋混凝土楼梯的栏板则用预埋钢板焊接。

栏杆与栏板的构造如图 4-26 所示。

（3）栏杆与梯段的连接方式

1）栏杆与梯段上的预埋件焊接，如图 4-27a 所示。

2）栏杆插入梯段上的预留孔中，用细石混凝土、水泥砂浆或螺栓固定，如图 4-27b、c 所示。

3）在踏步板侧面用预留孔洞或预埋件进行连接，如图 4-27d、e 所示。

2. 扶手

扶手位于栏杆顶部，可以用优质硬木、金属型材（铁管、不锈钢、铝合金等）、工程塑料及水泥砂浆抹灰、水磨石、天然石、大理石材等制作，如图 4-28 所示。室外楼梯不宜使用

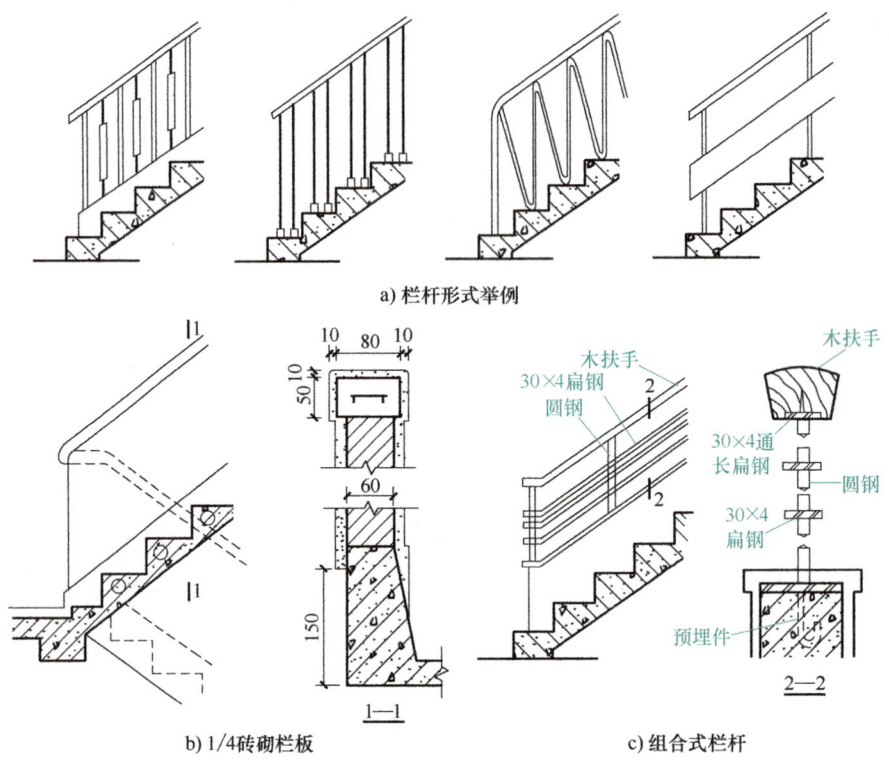

图 4-26 栏杆与栏板的构造

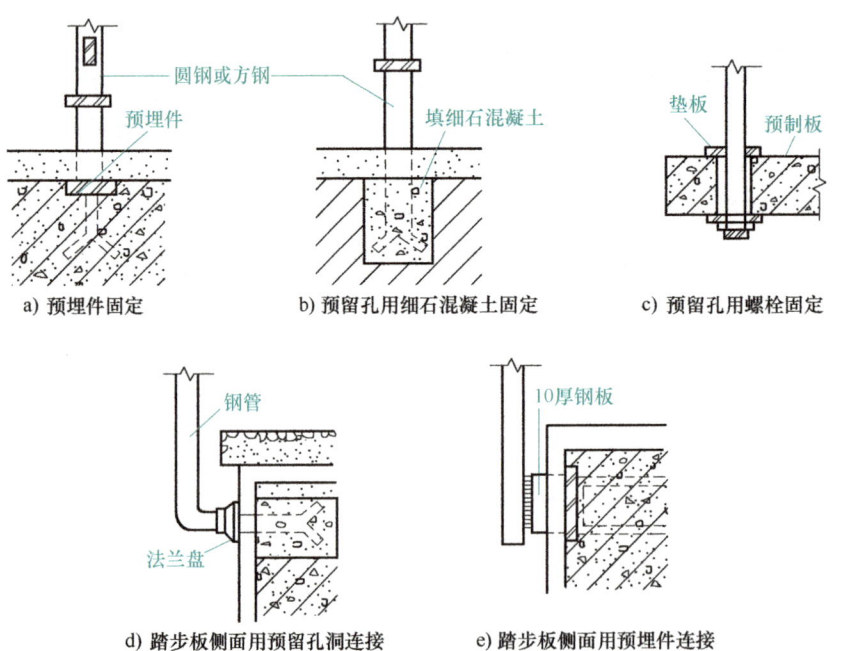

图 4-27 栏杆与梯段的连接方式

单元4　建筑竖向承载体系的交通枢纽——楼梯、电梯与自动扶梯

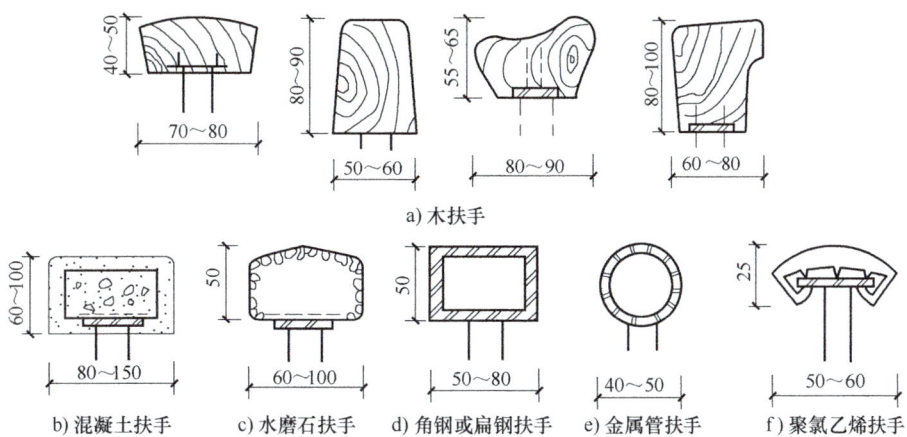

图 4-28　扶手的类型

木扶手，以免淋雨后变形和开裂。不论何种材料的扶手，其表面必须要光滑、圆顺，便于扶持。大多数扶手是连续设置的，接头处应当仔细处理，使之平滑过渡。

楼梯顶层的楼层平台临空一侧，应设置水平栏杆、扶手，扶手端部与墙应固定在一起，施工时，在墙上预留孔洞，将扶手和栏杆插入洞内，用水泥砂浆或细石混凝土填实，也可将扁钢用木螺钉固定于墙内预埋的防腐木砖上；若为钢筋混凝土墙或柱，则可采用预埋件焊接。如图 4-29 所示为楼梯扶手端部与墙（柱）的连接。

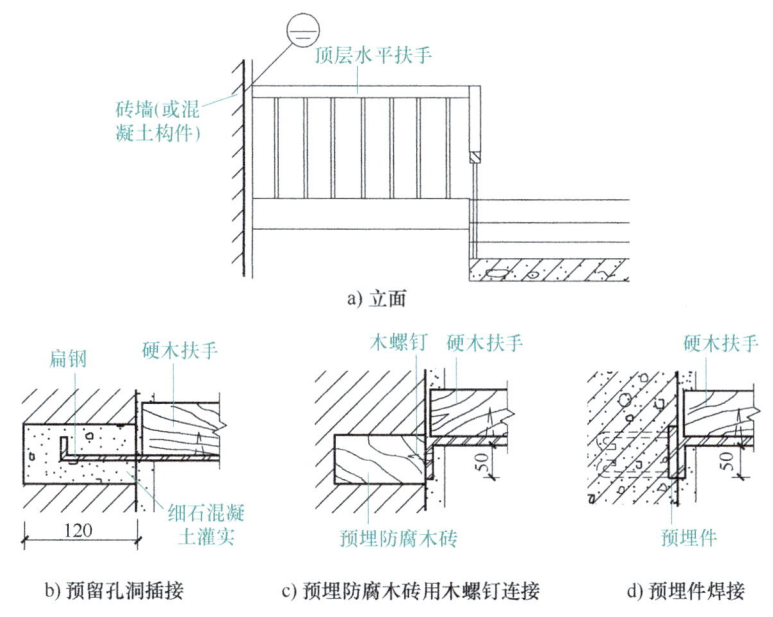

图 4-29　楼梯扶手端部与墙（柱）的连接

4.3.3　首层梯段的基础

楼梯首层梯段不能直接搁置在地坪层上，而是先在梯段下面设置基础。梯段的基础做法有两种：一种是在梯段下直接设砖、石、混凝土基础，如图 4-30a 所示；另一种是在楼梯间墙上搁置钢筋混凝土地梁，将梯段支承在地梁上，如图 4-30b 所示。

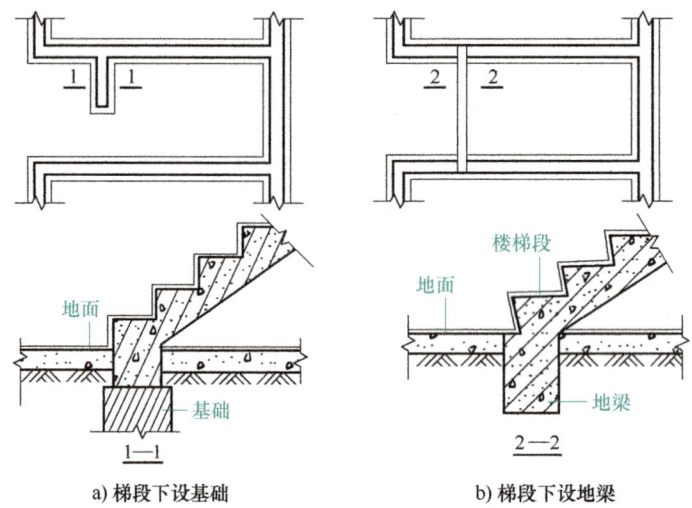

a) 梯段下设基础　　　　b) 梯段下设地梁

图 4-30　首层梯段的基础

> 【学习检测】
> 1. 观察身边建筑物的栏杆、扶手，举例说明其形式和材质。
> 2. 为身边的建筑物设计不同类型的栏杆和扶手，并说明设计思路。

4.4　电梯及自动扶梯构造

4.4.1　电梯

电梯和自动扶梯是目前房屋建筑工程中常用的建筑设备。电梯多用于多层及高层建筑中；有些建筑虽然层数不多，但由于建筑级别较高或使用上有特殊需要，往往也设置电梯，如高级宾馆、多层仓库等。部分高层及超高层建筑，为了满足疏散及消防的需要，还要设置消防电梯。自动扶梯主要用于人流集中的大型公共建筑，如大型商场、展览馆、火车站等。

1. 电梯的类型

电梯按照用途不同，分为乘客电梯、载货电梯、客货电梯、病床电梯、观光电梯、杂物电梯等，如图 4-31 所示；按运行速度不同，分为高速电梯、中速电梯和低速电梯；按照消

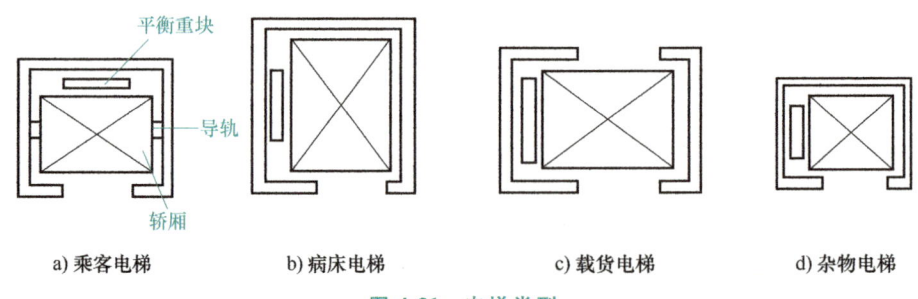

a) 乘客电梯　　b) 病床电梯　　c) 载货电梯　　d) 杂物电梯

图 4-31　电梯类型

防要求分为普通乘客电梯和消防电梯。

2. 电梯的组成

电梯由电梯井道、轿厢和电梯机房三个部分组成，如图 4-32 所示。电梯井道属于土建工程内容，涉及井道、地坑和机房三部分，井道的尺寸由轿厢的尺寸确定；轿厢要求坚固、耐用和美观；机房内是运载设备，包括动力系统、传动系统和控制系统等。

（1）电梯井道 电梯井道的构造设计应满足如下要求。

1）平面尺寸。平面净尺寸应当满足电梯生产厂家提出的安装要求。

2）井道的防火。井道和机房四周的围护结构必须具备足够的防火性能，其耐火极限不低于该建筑物对耐火等级的规定。当井道内的电梯超过两部时，需用防火结构隔开。

3）井道的隔振与隔声。一般在机房的设备底座下设弹性隔振垫，并在机房下部设置高度大于 1.3m 的隔声层，如图 4-33 所示。

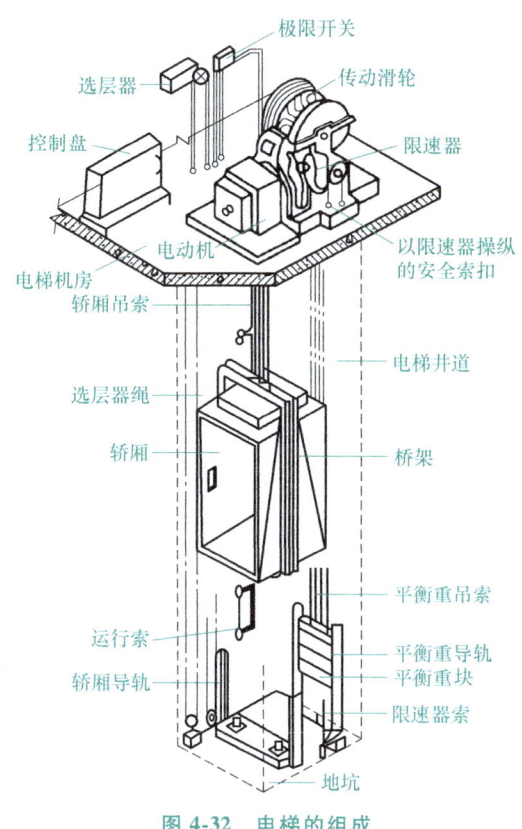

图 4-32 电梯的组成

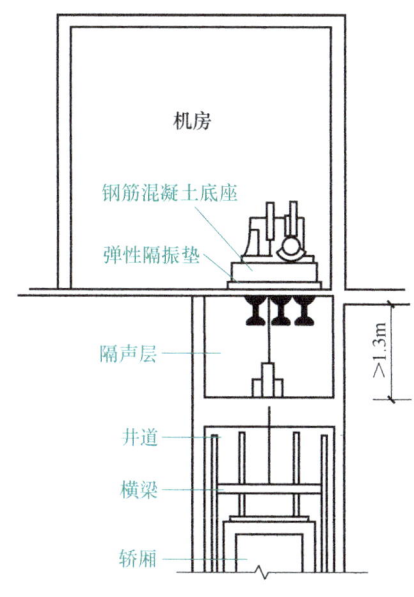

图 4-33 电梯井道的隔振与隔声措施

4）井道的通风。在井道的顶层和中部适当位置（高层建筑时）及坑底设置不小于 300mm×600mm 或面积不小于井道面积 3.5% 的通风口，通风口总面积的 1/3 应经常开启。

（2）电梯井道的细部构造

1）电梯门套。门套的构造做法应与电梯厅的装修相协调，常用的做法有水泥砂浆门套、水磨石门套、大理石门套、硬木板门套、金属板门套等（图 4-34）。

2）电梯厅地面的牛腿构造如图 4-35 所示。其中，图 4-35a 是预制钢筋混凝土结构，图 4-35b 是现浇钢筋混凝土结构。

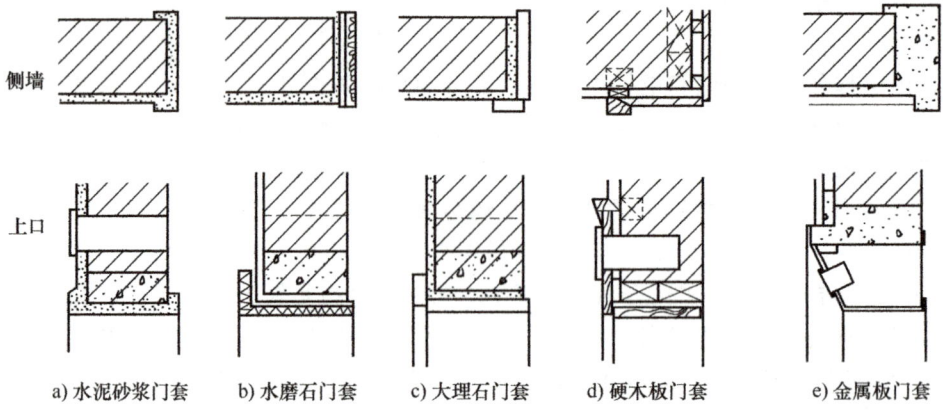

图 4-34 电梯门套构造

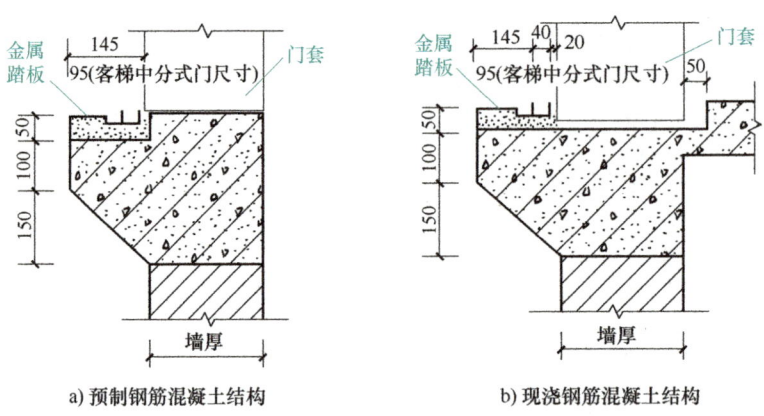

图 4-35 电梯厅地面的牛腿构造

3）导轨撑架的固定。导轨撑架与井道内壁的连接构造如图 4-36 所示。

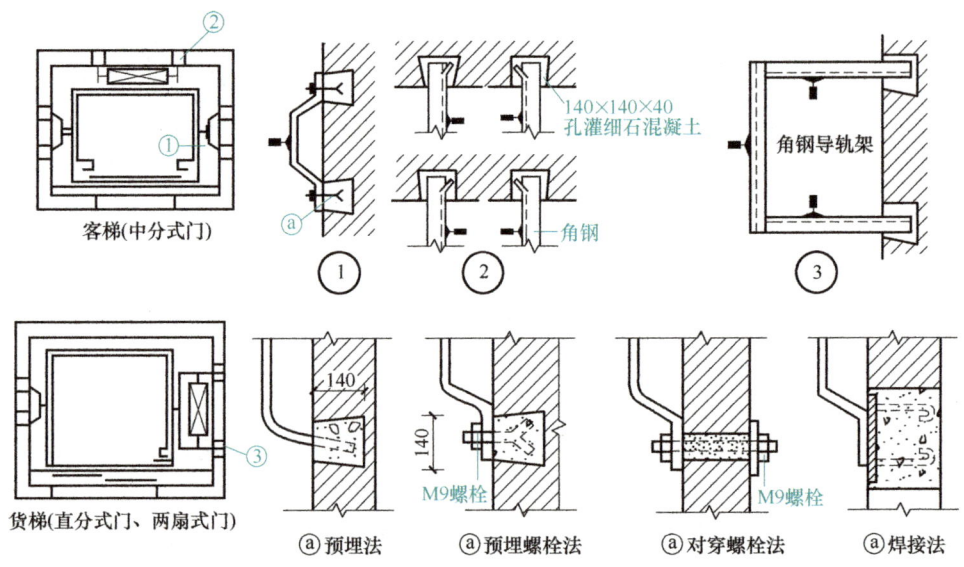

图 4-36 导轨撑架与井道内壁的连接构造

（3）电梯机房　电梯机房一般设置在电梯井道的顶部，也有少数设在底层井道旁边。机房平面尺寸需要根据机械设备尺寸、维修等来决定，一般至少有两个边每边应扩出600mm以上的空间，高度多为2.7~3.0m。通往机房的通道、楼梯和门的宽度应不小于1.20m。机房围护结构的防火要求和井道一样。为了便于安装和维修，机房的楼板应按机器设备要求的部位预留孔洞。如图4-37所示为电梯机房平面图示例。

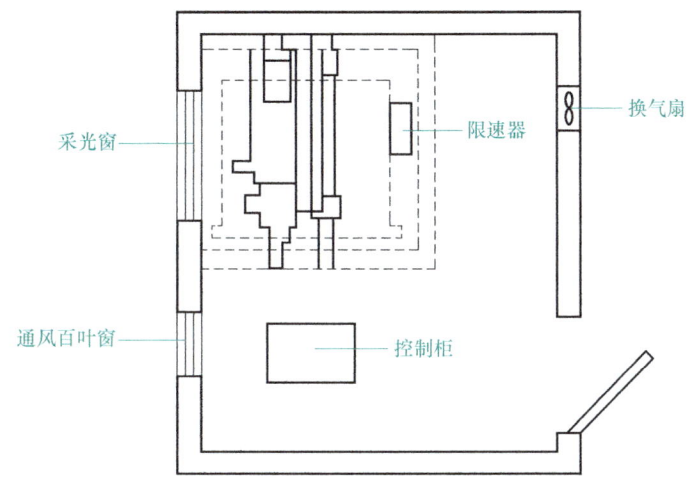

图4-37　电梯机房平面图示例

4.4.2　自动扶梯

自动扶梯适用于有大量人流上下的公共场所，如车站、超市、商场、地铁站等。自动扶梯可正、逆两个方向运行，机器停转时可作为普通楼梯使用。自动扶梯的布置形式有平行排列、交叉排列、连贯排列等，可单台设置或双台并列设置。自动扶梯的坡度较为平缓，通常为30°，宽度一般为600mm或1000mm，运行速度一般为0.5m/s。自动扶梯是电动机械牵引活动梯级连同栏杆、扶手带一起运转的；机房悬挂在楼板下面，该部分楼板须做成活动楼板，并做装饰外壳处理，底层做地坑，如图4-38所示。

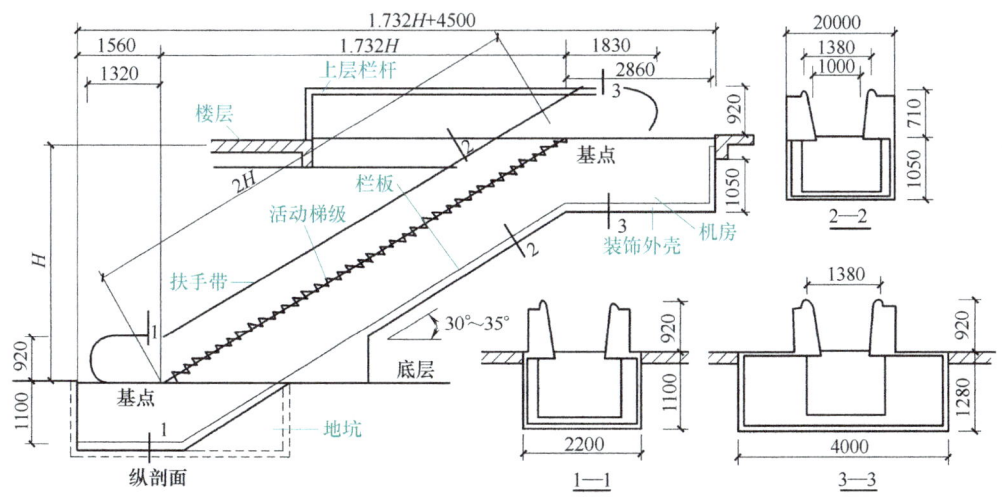

图4-38　自动扶梯的构造

自动扶梯对建筑室内具有较强的装饰作用,扶手多为特制的耐磨胶带,有多种颜色。栏板分为玻璃不锈钢板、装饰面板等几种。自动扶梯有时还辅以灯光照明,以增强其美观性。

由于自动扶梯在安装及运行时需要在楼板上开洞,因此此处楼板已经不能起到分隔防火分区的作用。当上下两层建筑面积总和超过防火分区面积要求时,应按照防火要求设置防火卷帘,在火灾发生时封闭自动扶梯井。

【学习检测】

1. 观察周围建筑物电梯的门套及自动扶梯的布置,举例说明其形式。
2. 详细说明电梯井道的设计要求。

4.5 楼梯识图训练

1)如图4-39所示为某建筑物的楼梯净高设计调整前后对比,该建筑物层高为3m,图中楼梯为双跑楼梯。图4-39a为调整前,图4-39b为调整后,识图并说明为什么要调整,以及如何调整。

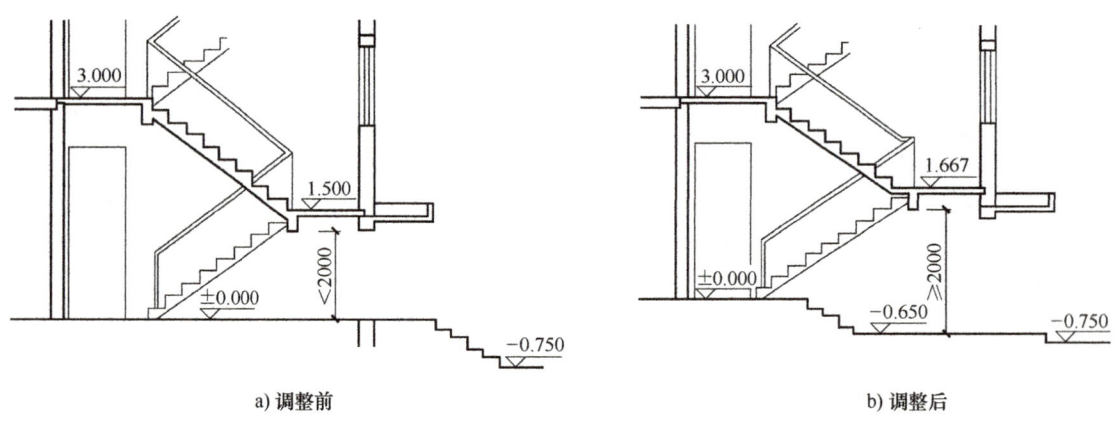

a) 调整前　　　　　　　　　　　　　　b) 调整后

图4-39　楼梯净高设计调整前后对比

2)如图4-40所示是某综合楼的楼梯剖面图和平面图,该楼层高为3.6m,楼梯间的开间为3.3m,进深为6m,室内外地面高差为450mm,墙厚为240mm,轴线居中。识图并确定楼梯形式以及以下几项尺寸,并说明如何确定:踏步尺寸、踏步数量、梯井宽度、梯段宽度及长度、平台深度。

3)图4-41为某楼梯做法的细部构造,请标注图中圆圈所指部分的名称。

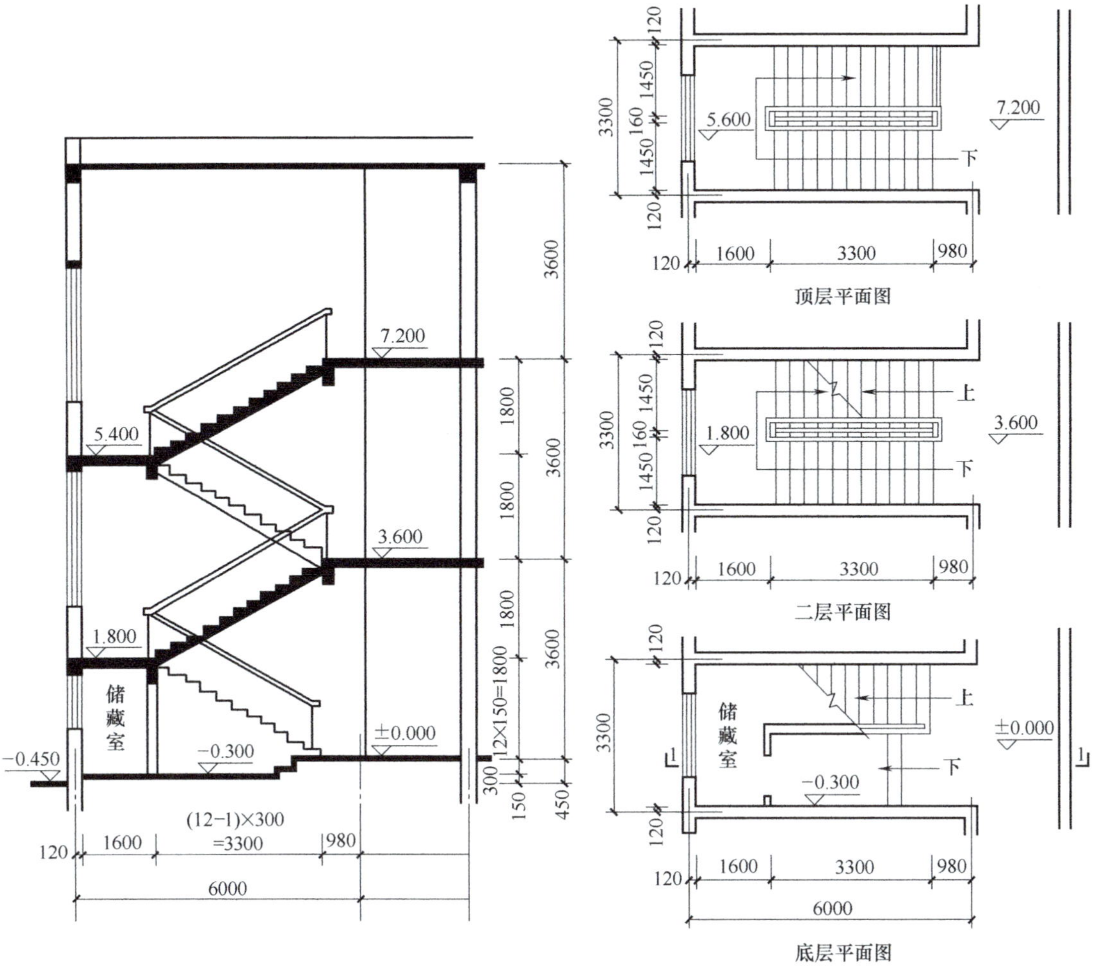

单元4 建筑竖向承载体系的交通枢纽——楼梯、电梯与自动扶梯

a) 1—1剖面图

b) 平面图

图 4-40 楼梯剖面图和平面图

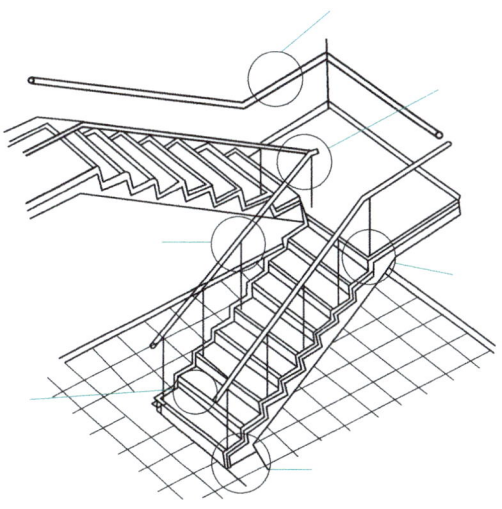

图 4-41 某楼梯做法的细部构造

单元小结

楼梯是建筑中各楼层之间的垂直交通工具，应该满足交通和紧急疏散的功能要求。

1）楼梯是建筑物中重要的结构构件，由梯段、楼梯平台及栏杆（或栏板）、扶手等构成。常见的楼梯形式有单跑楼梯、双跑楼梯、折角楼梯、三跑楼梯、圆形楼梯、螺旋楼梯、弧形楼梯、交叉楼梯、剪刀楼梯等。

2）楼梯踏步由踏面和踢面组成，踏步尺寸包括踏步宽度和踏步高度。踏步宽度与成年男子的平均脚长相适应，一般不宜小于250mm，常取250~350mm。踏步高度一般取120~175mm，各级踏步高度均应相同。通常情况下可根据经验公式来取值。梯段的宽度必须满足上下人流及搬运物品的需要。梯段的宽度由通过该梯段的人流数确定。楼梯的坡度为23°~45°，一般取30°。楼梯平台的宽度应不小于梯段的宽度。

3）本单元介绍了楼梯的净空高度及楼梯栏杆、扶手的设置情况。

4）钢筋混凝土楼梯有现浇整体式和预制装配式两大类，现浇整体式钢筋混凝土楼梯可分为板式楼梯和梁板式楼梯两种类型。预制装配式钢筋混凝土楼梯有小型构件装配式楼梯、中型及大型构件装配式楼梯等形式。

5）电梯是高层建筑的主要交通工具，由电梯井道、轿厢和电梯机房三个部分组成，电梯井道的细部构造包括电梯门套、电梯厅地面的牛腿构造、导轨撑架的固定等。自动扶梯适用于有大量人流上下的公共场所。

思考与练习

一、填空题

1. 楼梯主要由_____、_____和_____三部分组成。
2. 楼梯平台按位置不同分为_____平台和_____平台。
3. 楼梯的净高在平台处不应小于_____，在梯段处不应小于_____。
4. 现浇整体式钢筋混凝土楼梯按特点及结构形式不同，有_____和_____两种。
5. 栏杆与梯段的连接方法主要有_____、_____和_____等。
6. 楼梯踏步表面的防滑处理做法通常是_____。

二、简答题

1. 楼梯由哪几部分组成？各部分的作用及要求是什么？
2. 楼梯坡度如何确定？踏步高、踏步宽和行人步距的关系是什么？
3. 钢筋混凝土楼梯常见的结构形式是哪几种？各有何特点？预制装配式钢筋混凝土楼梯的构造形式有哪些？
4. 电梯由哪几部分组成？电梯井道的设计应满足什么要求？

单元 5

建筑水平承载体系——楼板层与楼地面

【学习目标】
◇ 了解楼板层与楼地面的设计要求和构造组成。
◇ 掌握钢筋混凝土楼板的构造组成。
◇ 了解顶棚的构造分类及做法。
◇ 掌握楼地面的构造做法。
◇ 掌握阳台和雨篷的构造组成。

楼板层与楼地面是建筑物构造组成部分之一,是建筑空间的水平分隔构件,同时又是建筑结构的承重构件,一方面承受自重和楼板层上的全部荷载,并合理有序地把荷载传给墙和柱,增强房屋的刚度和整体稳定性;另一方面对墙体起水平支承作用,以减少风和地震作用对墙体的影响,增加建筑物的整体刚度。此外,楼板层与楼地面还具备一定的防火、隔声、防水、防潮等能力,并具有一定的装饰和保温作用。本单元主要讲述楼板层与楼地面的基本构造和设计要求,以及钢筋混凝土楼板的主要类型和基本构造,楼板层与楼地面的装修,阳台、雨篷构造等。

5.1 初识楼板层

楼板层是建筑物的重要组成部分。楼板层是用来分隔建筑物竖直方向室内空间的水平构件,同时又是承重构件,承受自重和作用在它上部的各种荷载,并将这些荷载传递给下面的墙或柱;楼板层又是墙或柱在水平方向的支承构件,以减少风和地震作用对墙体的影响,加强建筑墙体抵抗水平方向变形的刚度。

5.1.1 楼板层的构造组成

为了满足多种功能要求,楼板层由若干层组成,各层有着不同的作用。楼板层主要由面层、附加层、结构层和顶棚组成,如图 5-1 所示。

(1)面层 面层又称为楼面或地面,位于楼板层的最上层,起着保护楼板层、承受并传递荷载的作用,同时又对室内起美化装饰作用。根据使用要求和选用材料的不同,面层可有多种做法。

（2）附加层　附加层又称为功能层，根据使用功能的不同设置，用以满足保温、隔声、隔热、防水、防潮、防腐蚀、防静电等要求。

（3）结构层　结构层又称为楼板，是楼板层的承重构件，一般包括梁和板，主要功能是承受楼板层上的全部荷载并将荷载传给墙和柱，同时对墙身起支承作用，以加强建筑物的刚度和整体性。

（4）顶棚　顶棚又称为天花板，位于楼板层的最下层，主要作用是保护楼板、安装灯具、遮掩各种水平管线设备、改善室内光照条件、装饰美化室内空间。顶棚在构造上有直接抹灰顶棚、粘贴类顶棚和吊顶等多种形式。

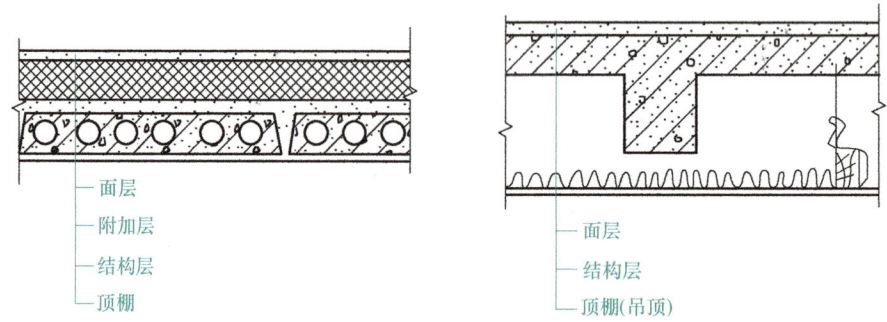

图 5-1　楼板层构造组成

5.1.2　楼板层的设计要求

楼板层的设计应满足建筑的使用、结构、施工以及经济等多方面的要求。

1. 楼板层要有足够的强度和刚度

楼板层必须具有足够的强度和刚度才能保证正常和安全使用。足够的强度是指楼板层能够承受自重和不同的使用要求下的使用荷载而不损坏。这里说的自重是指楼板层构件的净重，其大小也将影响墙、柱、墩、基础等支承构件的尺寸。足够的刚度可使楼板层在一定的荷载作用下不发生超过规定的形变，人走动时不发生显著的振动，否则会使面层材料及其他构（配）件发生损坏，并可能产生裂缝。刚度用相对挠度来衡量，即绝对挠度与跨度的比值。

楼板层是在整体结构中保证房屋总体强度、刚度和稳定性的构件之一，对房屋起稳定作用。

2. 满足隔声要求

为了防止噪声通过楼板层传到上下相邻的房间，影响其使用，楼板层应具有一定的隔声能力。不同使用要求的房间对隔声的要求不同，居住建筑因为量大面广，所以必须考虑经济条件，我国对住宅楼板层的隔声要求：一级隔声标准为65dB、二级隔声标准为75dB等。对一些有特殊使用要求的公共建筑使用空间，如医院、广播室、录音室等，则有着更高的隔声要求。

楼板层的隔声包括隔绝空气传声和隔绝固体传声两方面，后者更为重要。提高楼板层隔声能力的措施有以下几种：

1）选用空心构件来隔绝空气传声。

2）在楼板层表面铺设弹性面层，如橡胶、地毡等。

3）在面层下铺设弹性垫层。

4）在楼板层下设置吊顶。

3. 满足热工、防火、防水、防潮等要求

在冬季采暖建筑中，当上下两层房间温度不同时，应在楼板层构造中设置保温材料，尽可能减少采暖时的热损失，并应使构件表面的温度与房间的温度差值不超过规定数值。在不采暖建筑中的起居室、卧室等房间，从满足人们对卫生和舒适性的要求出发，楼板层的铺面材料不宜采用蓄热系数过小的材料，如红砖、石块、锦砖、水磨石等，因为这些材料在冬季容易传导人们足部的热量而使人缺乏舒适感。

从防火和安全角度考虑，一般楼板层的承重构件应尽量采用耐火与半耐火材料制造。当局部采用可燃材料时，应作防火特殊处理；木构件除了注意防火以外，还应注意防腐、防蛀。

潮湿的房间如卫生间、厨房等应要求楼板层有不透水性。除了支承构件采用钢筋混凝土以外，还可以设置有防水性能且易于清洁的各种铺面，如面砖、水磨石等。与防潮要求较高的房间上下相邻时，还应对楼板层做特殊处理。

4. 满足经济要求

在多层建筑中，楼板层的造价一般占建筑总造价的20%~30%，因此楼板层的设计应力求经济合理，应尽量就地取材和提高装配化程度，在进行结构布置和确定构造方案时，应与建筑物的质量标准和房间的使用要求相适应，并应满足施工要求，避免造成浪费。

5. 满足合理安排各种设备管线穿过的要求

建筑中的各种服务设备日趋完善，家电则更加普及，因此有更多的管道、线路会在楼板层中敷设。为保证室内布置更加灵活，空间使用更加高效，在楼板层设计中必须考虑各种设备管线的走向问题。

6. 满足地面平整、光洁、耐磨、易于清洁等要求

楼板层的最上层部分——面层，是人们经常接触的部分，对室内有很重要的装饰作用，应满足耐磨、平整、易清洁、不起尘、防水、热导率小等要求。

7. 满足建筑工业化的要求

在多层或高层建筑中，楼板层结构占相当大的比重，要求在楼板层设计时，应尽量考虑减轻自重和减少材料的消耗，并为建筑工业化创造条件，以加快建设速度。

5.1.3　楼板层的类型

楼板层按结构层所用材料的不同，可分为木楼板、砖拱楼板、钢筋混凝土楼板、钢楼板和钢衬板组合楼板等，如图5-2所示。

1. 木楼板

木楼板是在木搁栅之间设置剪刀撑，形成有足够整体性和稳定性的骨架，并在木搁栅上下铺钉木板形成的楼板层，如图5-2a所示。这种楼板层构造简单，自重轻，热导率小；但耐久性和耐火性差，木材耗费量大，除木材产区外较少采用。

楼板（层）的类型

2. 砖拱楼板

砖拱楼板是先在墙或柱上架设钢筋混凝土小梁，然后在钢筋混凝土小梁之间用砖砌成拱形结构形成的楼板层，如图 5-2b 所示。砖拱楼板可节约钢材、水泥、木材，造价低；但承载能力和抗震能力较差，结构层所占的空间较大，顶棚不平整，施工较繁琐，所以现在已基本不用。

3. 钢筋混凝土楼板

钢筋混凝土楼板强度高、刚度大、耐久性和耐火性好，便于工业化生产，是目前应用十分广泛的楼板类型，如图 5-2c 所示。

4. 钢楼板

钢楼板自重轻、强度高、整体性好、易连接、施工方便、便于工业化生产；但用钢量大、造价高、易腐蚀、维护费用高、耐火性比钢筋混凝土楼板要差，一般用于工业类建筑。

5. 钢衬板组合楼板（压型钢板组合楼板）

钢衬板组合楼板是利用压型钢板作为衬板与混凝土浇筑在一起支承在钢梁上构成的，具有刚度大、整体性好、可简化施工程序等优点；但应经常维护，如图 5-2d 所示。

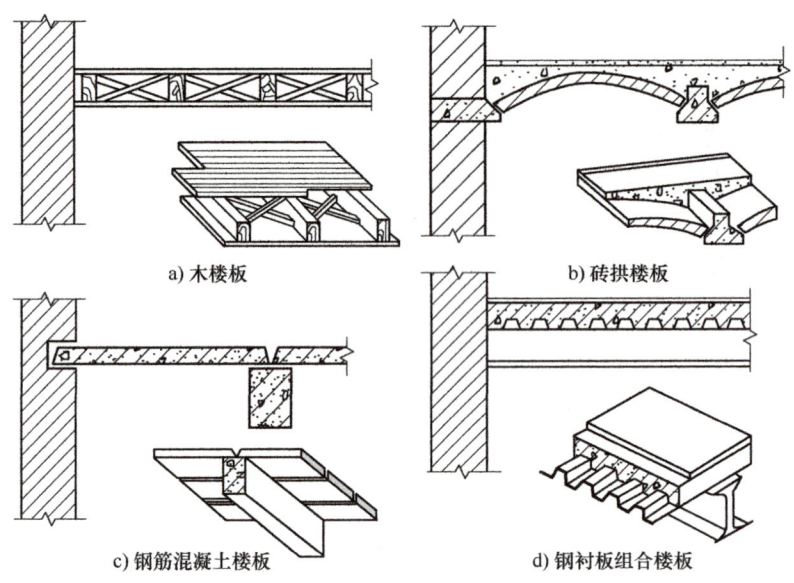

图 5-2 楼板层的类型

【学习检测】

1. 绘制本节所描述内容的思维导图。
2. 观察生活实例，说明楼板层的类型。

5.2 钢筋混凝土楼板构造

钢筋混凝土楼板按施工方式不同可分为现浇式、预制装配式和装配整体式三种类型。

5.2.1 现浇式钢筋混凝土楼板

现浇式钢筋混凝土楼板具有整体性好、抗震能力强、刚度高、可适应形态或尺寸不符合建筑模数要求的各种平面等优点；但它具有模板用量大、工序繁多、需要养护、施工周期长、劳动强度高以及作业量大等缺点，主要用于平面形态复杂、整体性要求高、管道布置较多、对防水防潮要求高的房间。

现浇式钢筋混凝土楼板按受力和支承情况分为板式楼板、梁板式楼板、无梁楼板以及压型钢板混凝土组合式楼板。

1. 板式楼板

板内不设梁，板直接搁置在四周墙上的板称为板式楼板。板有单向板和双向板之分，当板的长边与短边之比大于 2 时，板基本上沿短边单方向传递荷载，这种板称为单向板，如图 5-3a 所示；当板的长边与短边之比小于或等于 2 时，作用于板上的荷载沿双向传递，板在两个方向产生弯曲，称为双向板，如图 5-3b 所示。

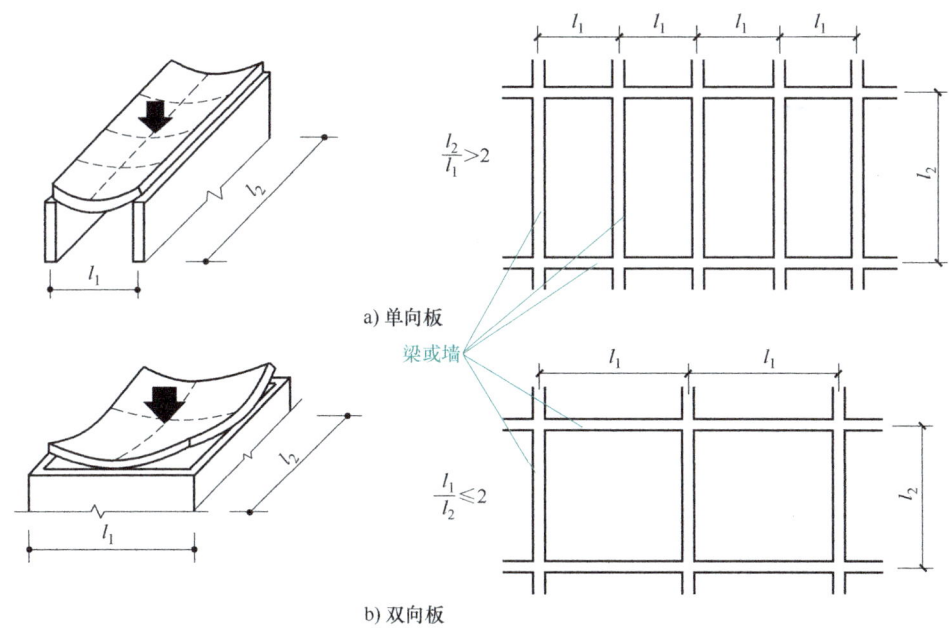

a) 单向板

b) 双向板

图 5-3 板式楼板的受力和传力方向

板式楼板底面平整、美观、施工方便，适用于小跨度房间，如走廊、厕所和厨房等。

2. 梁板式楼板

由板、梁组合而成的楼板称为梁板式楼板（又称为肋形楼板）。其根据梁的构造情况又可分为单梁式楼板、复梁式楼板和井梁式楼板。

（1）单梁式楼板　当房间尺寸不大时，可以只在一个方向设置梁，梁直接支承在墙上，称为单梁式楼板，如图 5-4 所示。

（2）复梁式楼板　有主（次）梁的楼板称为复梁式楼板（图 5-5），这种梁有主梁、次梁之分，次梁与主梁一般垂直相交，主梁可沿房间的纵向或横向布置。当房间平面尺寸任何一个方向都大于或等于 6m 时，宜在两个方向设置梁，主梁按房间的短跨方向布置，次梁沿

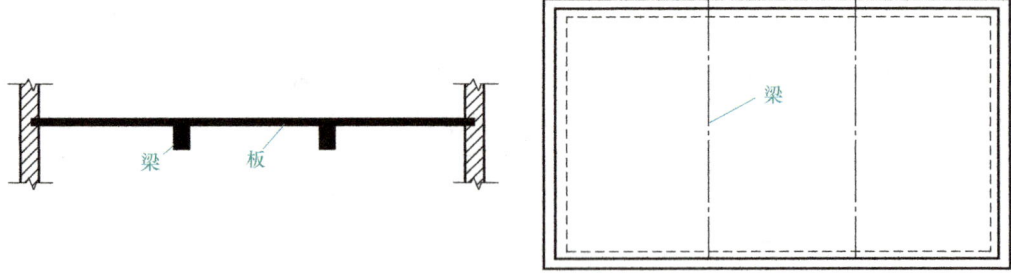

图 5-4　单梁式楼板

垂直于主梁的方向设置,板搁置在次梁上,次梁搁置在主梁上,主梁搁置在墙或柱上。

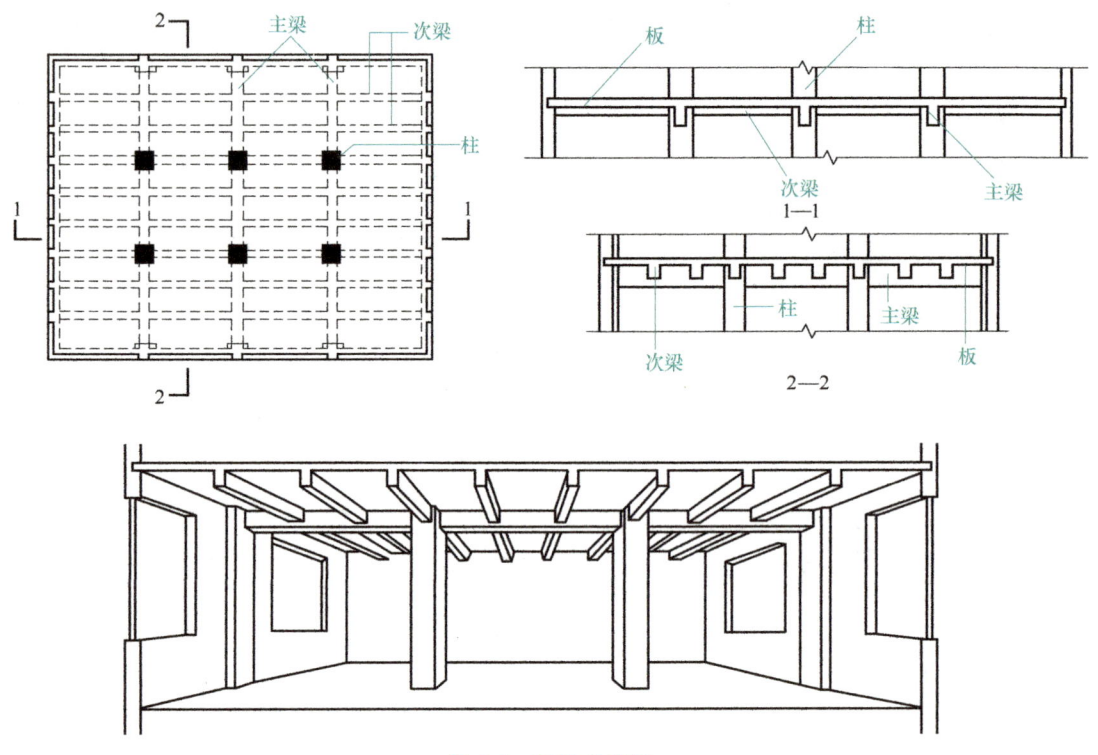

图 5-5　复梁式楼板

(3) 井梁式楼板　井梁式楼板是梁板式楼板的一种特殊形式。当房间尺寸较大,并接近正方形时,常沿两个方向布置等距离、等截面的梁,从而形成井格式的梁板结构,这就是井梁式楼板,如图 5-6 所示。井梁式楼板的梁跨可达 30m,板跨一般为 3m 左右。由于井梁式楼板的井格常常外露,从而产生由结构带来的自然美感,房间内无柱,多用于公共建筑的门厅、大厅或会议室、小型礼堂等。

3. 无梁楼板

框架结构中将板直接支承在柱上,且不设梁的楼板称为无梁楼板,分为有柱帽和无柱帽两种形式。当楼面荷载较小时,可采用无柱帽无梁楼板;当楼面荷载较大时,为提高楼板的承载能力及其刚度,增加柱对板的支托面积并减小板跨度,一般在柱顶加设柱帽或托板,这就是有柱帽无梁楼板。无梁楼板的跨度一般在 6m 左右,板厚通常不小于 120mm,一般为

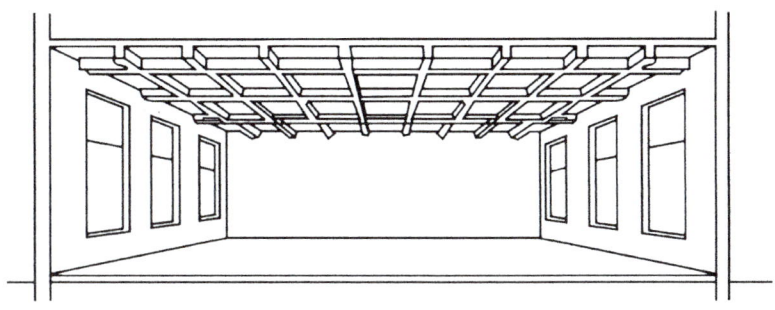

图 5-6　井梁式楼板

160~200mm。其优点是增加了净空高度，适用于商场、仓库、展览馆等。无梁楼板如图5-7所示。

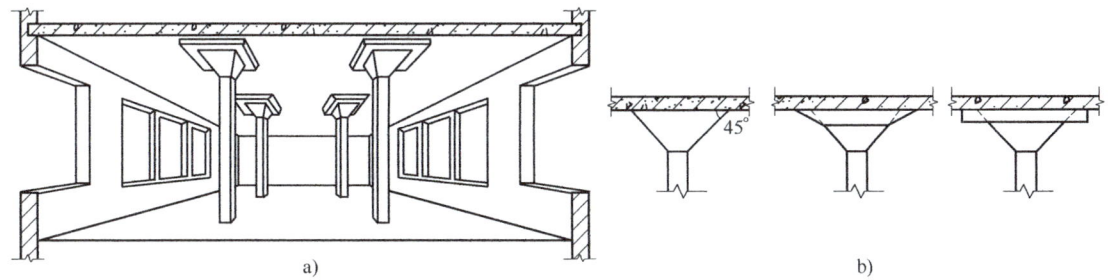

图 5-7　无梁楼板

4. 压型钢板混凝土组合式楼板

以压型钢板为衬板，与混凝土浇筑在一起，搁置在钢梁上构成的整体式楼板称为压型钢板混凝土组合式楼板（图5-8）。这种楼板主要由楼面层、组合板（包括现浇混凝土与钢衬板）及钢梁等几部分组成。其特点是压型钢板起到了现浇混凝土的永久性模板和受拉钢筋的双重作用，简化了施工程序，加快了施工速度；另外，还可利用压型钢板肋间的空间敷设电力管线或通风管道。

使用压型钢板混凝土组合式楼板时应注意的问题：

1）在有腐蚀的环境中应避免应用。

2）应避免压型钢板长期暴露，以防钢板和钢梁生锈，破坏结构的可靠性。

3）在动荷载作用下，应仔细考虑其细部设计，并注意保持结构组合作用的完整性和共振问题。

5.2.2　预制装配式钢筋混凝土楼板

预制装配式钢筋混凝土楼板有实心平板、槽形板、空心板等类型，具有节约模板、简化施工程序、减轻劳动强度、加快施工速度、大幅度缩短工期等优点。

1. 实心平板

实心平板（图5-9）上下板面平整，制作简单，板的经济跨度一般在2.4m以内，板厚为50~80mm，一般用于建筑物的走廊板、楼梯的平台板、阳台板，也可用作架空隔板、沟盖板。

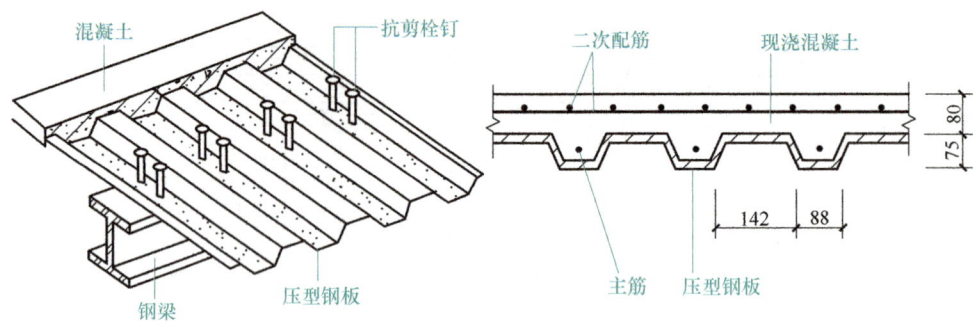

图 5-8 压型钢板混凝土组合式楼板

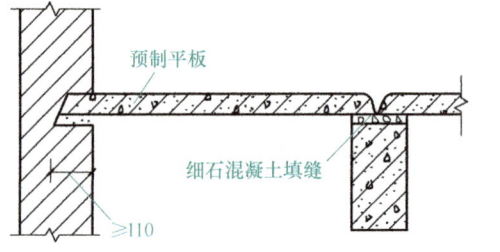
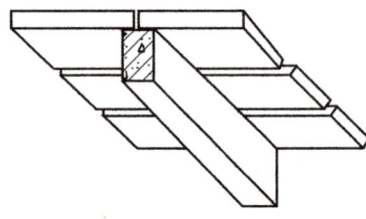

图 5-9 实心平板

2. 槽形板

当板的跨度尺寸较大时，为了减轻板的自重，根据板的受力状况，可将板做成由肋和板构成的槽形板。槽形板是一种梁板结构的构件，在板的两侧设有纵肋，中部设有横肋，作用在槽形板上的荷载主要由两侧的纵肋承受，因此板可做得较薄（常见厚度为30～40mm）。槽形板的板宽为500～1200mm，肋高为150～300mm，板跨为3～7.2m，有预应力和非预应力两种形式。图 5-10 为槽形板实例。

槽形板减轻了板的自重，具有节省材

图 5-10 槽形板实例

料、便于在板上开洞等优点；但隔声效果差。当槽形板正放（肋朝下）时，板底不平整；槽形板倒放（肋向上）时，需在板上进行构造处理，使其平整，槽内可填轻质材料起保温、隔声作用。槽形板正放时常用于厨房、卫生间、库房等场景。当对楼板有保温、隔声要求时，可考虑采用倒放槽形板。正放槽形板与倒放槽形板如图 5-11 所示。

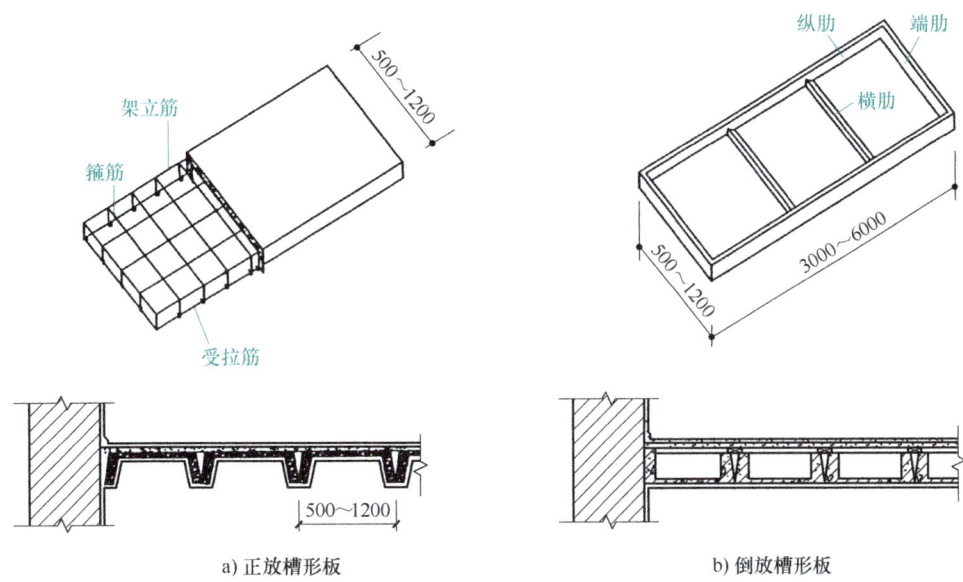

图 5-11　正放槽形板与倒放槽形板

3. 空心板

空心板是一种板腹抽孔的钢筋混凝土楼板（图 5-12），孔有倒棱孔、椭圆孔和圆孔等几种形式，以圆孔空心板制作最为方便、应用最广。

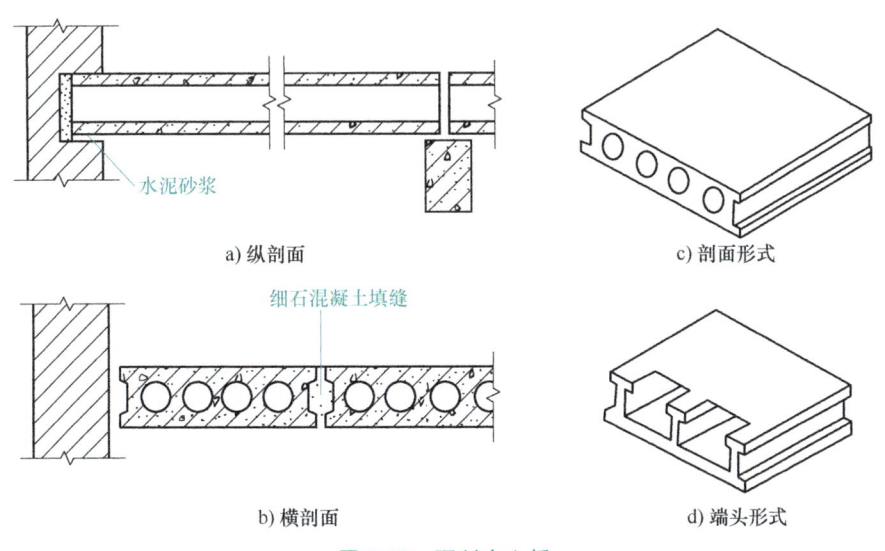

图 5-12　预制空心板

空心板是一种梁板合一的预制构件，其结构计算理论与槽形板相似，材料消耗也相近，但空心板上下板面平整，且隔声效果好，因此应用十分广泛。

5.2.3 装配整体式钢筋混凝土楼板

装配整体式钢筋混凝土楼板是将预制的部分构件在安装过程中用现浇混凝土的方法将其连成一体的楼板结构,它综合了现浇式结构整体性好和预制装配式结构施工简单、工期短、节约模板的优点,又避免了现浇式结构湿作业、施工复杂和装配式结构整体性差的缺点。常用的装配整体式钢筋混凝土楼板有密肋填充块楼板和叠合式楼板两种。

1. 密肋填充块楼板

密肋填充块楼板(图 5-13)的密肋小梁有现浇和预制两种形式。密肋填充块楼板地面平整,有很好的隔声、保温、隔热性能,力学性能好,整体性好,可充分利用材料的性能,且有利于敷设管道,能适应不同跨度和不规则的楼板,常用于学校、住宅、医院等建筑;但不适用于有振动荷载的建筑。

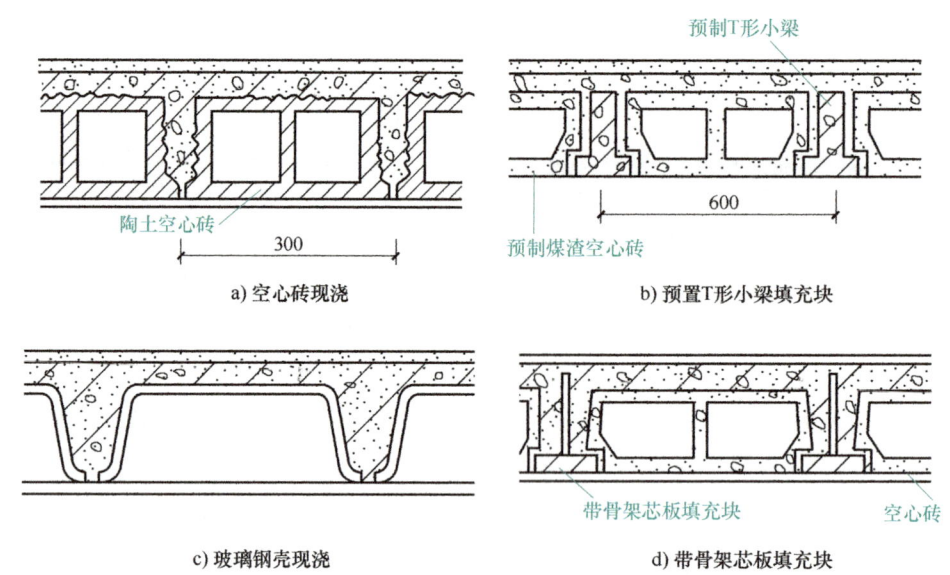

图 5-13 密肋填充块楼板

2. 叠合式楼板

叠合式楼板(图 5-14)是将预制薄板和现浇钢筋混凝土层叠合而成的装配整体式钢筋混凝土楼板。叠合式楼板具有整体性好、跨度大、强度和刚度高、可节约模板、施工速度快等优点,并且其表面较平整,便于饰面层装修,适用于对整体刚度要求较高和大开间的建筑,以及住宅、宾馆、学校、办公楼、医院、仓库等建筑。

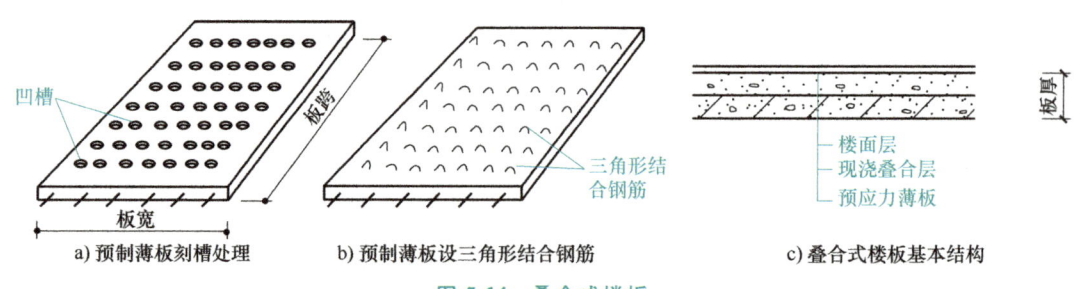

图 5-14 叠合式楼板

【学习检测】

1. 试述不同类型钢筋混凝土楼板的构造特点。
2. 搜集资料，举例说明钢筋混凝土楼板的类型。

5.3 楼地面

楼层地面简称为楼地面，底层的楼地面称为地坪层。地坪层是建筑物中最底层房间与土层相接触的水平构件，承受着作用在它上面的各种荷载，并将这些荷载直接传给地基。楼地面与地坪层是人们日常生活、工作和生产时必须接触且使用最频繁的建筑部位，所以其质量的好坏、材料的选择和构造处理是否合理显得十分重要。

5.3.1 楼地面的构造组成

楼地面和地坪层在构造与要求上是一致的，均属室内装修范畴，统称地面，其基本组成有面层、垫层和基层三部分，如图5-15所示。当有特殊要求时，可在面层和垫层之间增设附加层。地坪层的面层和附加层与楼板层类似，基层为地坪层的承重层，一般为土壤，可采用原土夯实或素土分层夯实；当荷载较大时，则需换土或加入碎砖、砾石等并夯实，以增加其承载能力。

图5-15a中的填土夯实层是地坪层的基层，也称为地基。填土中的素土是指不含杂质的砂质黏土，经夯实后才能承受垫层传下来的地面荷载。

垫层是面层和基层之间的填充层，是承受并传递荷载给基层的结构层，有刚性垫层和非刚性垫层之分。刚性垫层用于地面要求较高及薄而脆的面层，如水磨石地面、瓷砖地面、大理石地面

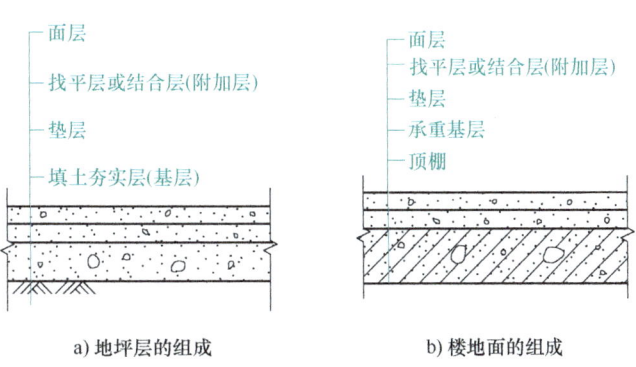

a) 地坪层的组成　　b) 楼地面的组成

图5-15 楼地面与地坪层的基本构造

等，常用低强度等级混凝土制作，一般采用C15混凝土，其厚度为80~100mm；非刚性垫层常用于厚而不易断裂的面层，如混凝土地面、水泥制品块状地面等，可用50mm厚砂垫层、80~100mm厚碎石灌浆、70~120mm厚三合土等制作。

面层应坚固耐磨、表面平整、光洁、易清洁、不起尘。面层材料的选择与室内装修的要求有关。

附加层，又称为功能层，根据使用要求和构造要求，主要设置管道敷设层、隔声层、防水层、找平层、结合层、隔热层、保温层等附加层，它们可以满足人们对建筑的功能要求。

1. 对楼地面的功能要求

楼地面是人们日常工作、生活和生产时必须接触的建筑部位,也是建筑物直接承受荷载,经常受到摩擦、清扫和冲洗的部位,因此它应具备下列功能要求:

1)具有足够的坚固性。要求在各种外力作用下不易被磨损、破坏,且要表面平整、光洁、不起灰和易清洁。

2)保温性能好。人们经常接触的楼地面,应给人们以温暖舒适的感觉,保证寒冷季节人的脚部感觉到舒适。

3)满足隔声要求。隔声要求主要针对楼地面,可通过调整楼地面垫层的厚度与材料类型来达到要求。

4)具有一定的弹性。当人们行走时不会有过硬的感觉,同时有一定弹性的楼地面有利于减轻撞击声。

5)美观要求。楼地面是建筑内部空间的重要组成部分,应具有与建筑功能相适应的外观形象。

6)其他要求。对经常有水的房间,楼地面应防潮、防水;对有火灾隐患的房间,楼地面应防火、不燃烧;有酸、碱等腐蚀性介质作用的房间,则要求楼地面具有耐腐蚀的能力。

2. 楼地面的类型

楼地面的名称通常依据面层所用材料来命名,按材料的不同,楼地面可分为以下几类:

1)整体类地面,包括水泥砂浆地面、细石混凝土地面、现浇水磨石地面及菱苦土地面等。

2)块状类地面,包括预制水磨石地面、缸砖地面、陶瓷地砖地面、陶瓷锦砖地面、人造石板地面、天然石板地面以及木地板地面等。

3)粘贴类地面,包括橡胶地毡地面、塑料地毡地面、油地毡地面以及各种地毯地面等。

4)涂料类地面,包括各种高分子合成涂料地面等。

5.3.2 楼地面常见类型构造

1. 整体类地面构造

(1)水泥砂浆地面 水泥砂浆地面(图5-16)构造简单、坚固、防潮、防水、造价低;但表面易起灰和结露、不易清洁、弹性差、热损失大,一般用于标准较低的建筑物中。

水泥砂浆地面的构造做法有两种:一种方法是单层做法,在结构层上抹15~20mm厚的1:2或1:2.5水泥砂浆;另一种方法是双层做法,先抹一层10~15mm厚的1:3水泥砂浆,再抹一层5~10mm厚的1:(2~2.5)水泥砂浆抹面层。

(2)细石混凝土地面 细石混凝土地面强度高且不易起尘,干缩性小,与水泥砂浆地面相比,耐久性和防水性更好;但自重较大。其可直接铺在夯实的素土上或钢筋混凝土楼板上,一般采用C20细石混凝土施

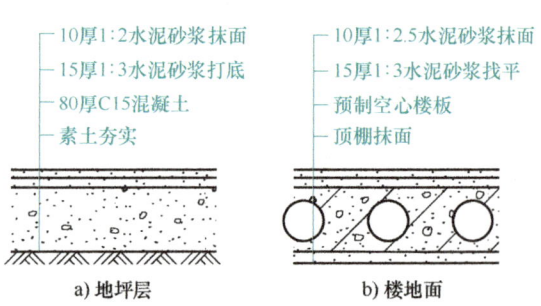

图 5-16 水泥砂浆地面

工,厚度为 35mm。

(3) 现浇水磨石地面 现浇水磨石地面(图 5-17)具有平整光滑、整体性好、坚固耐久、厚度小、自重轻、分块自由、耐污染、不起尘、易清洁、防水性能好、造价低等优点;但现场施工周期长、劳动量大。

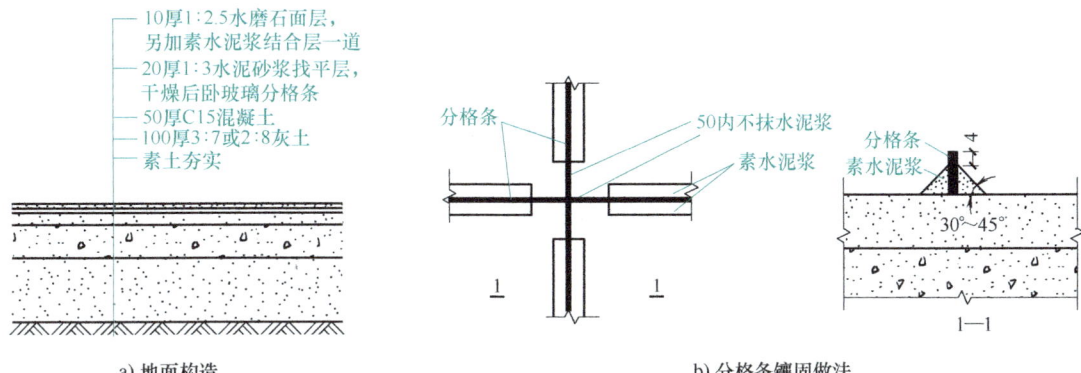

图 5-17 现浇水磨石地面

(4) 菱苦土地面 菱苦土地面是用菱苦土、锯木屑和氯化镁溶液等混合铺设而成的。菱苦土地面保温性能好,又有一定的弹性,外观美观;缺点是不耐水,易产生裂缝。其构造做法有单面层和双面层两种形式。

2. 块状类地面构造

利用各种人造的或天然的预制板材、块材镶铺在基层上制成的地面称为块状类地面。

(1) 预制水磨石地面 预制水磨石地面的主要材料是预制水磨石石板,它是以水泥和大理石为主要原料,经成型、养护、研磨及抛光等工序在工厂内制成的一种建筑装饰用板材。它具有美观、强度高及施工方便等特点,花色品种繁多。预制水磨石地面构造如图 5-18 所示。

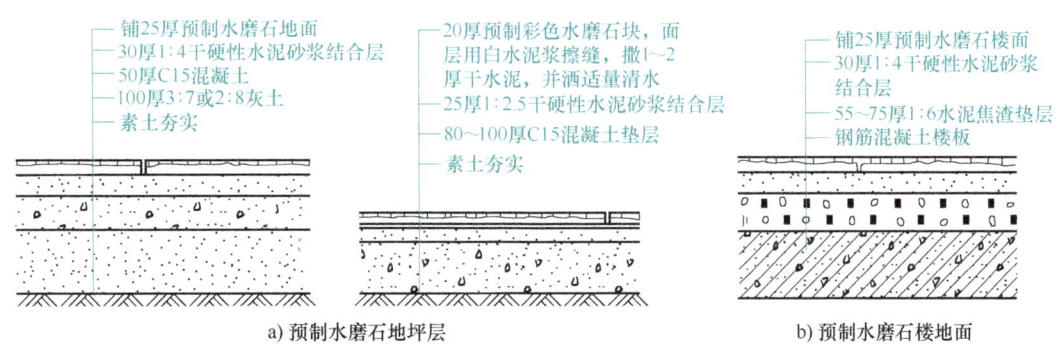

图 5-18 预制水磨石地面构造

(2) 缸砖地面、陶瓷地砖地面及陶瓷锦砖地面 缸砖地面、陶瓷地砖地面及陶瓷锦砖地面构造做法如图 5-19 所示。

1) 缸砖是用陶土焙烧而成的一种无釉砖块,形状有正方形(尺寸为 100mm×100mm 和 150mm×150mm,厚 10~19mm)、六边形、八角形等。颜色有多种,不同形状和色彩的缸砖可以组成各种图案。缸砖背面有凹槽,可使砖块和基层黏结牢固。缸砖地面铺贴时一般用

15~20mm 厚（水泥砂浆总厚度）的水泥砂浆作为结合材料，施工要求平整、横平竖直，如图 5-19a 所示。缸砖地面具有质地坚硬、耐磨、耐水、耐酸碱、易清洁等优点。

2）陶瓷地砖又称为墙地砖，其类型有釉面地砖、无光釉面砖、无釉防滑地砖及抛光同质地砖。陶瓷地砖有红、浅红、白、浅黄、浅绿、蓝等多种颜色。陶瓷地砖地面具有色调均匀、砖面平整、抗腐耐磨、施工方便、块大缝少、装饰效果好等优点。陶瓷地砖地面中的防滑地砖地面和抛光同质地砖地面因防滑能力出众而越来越多地用于办公楼、商店、旅馆和住宅建筑中。

陶瓷地砖一般厚 6~10mm，其规格有 400mm×400mm、300mm×300mm、250mm×250mm、200mm×200mm 等，一般来说规格越大价格越高，装饰效果越好。

3）陶瓷锦砖又称为陶瓷马赛克，有不同大小、形状和颜色，并由此可以组合成各种图案，使饰面达到一定的艺术效果。陶瓷锦砖主要用于防滑要求、卫生要求较高的卫生间、浴室等房间的地面，也可用于外墙面。

陶瓷锦砖同玻璃锦砖一样，出厂前已按各种图案反贴在牛皮纸上，以便于施工，如图 5-19b 所示。

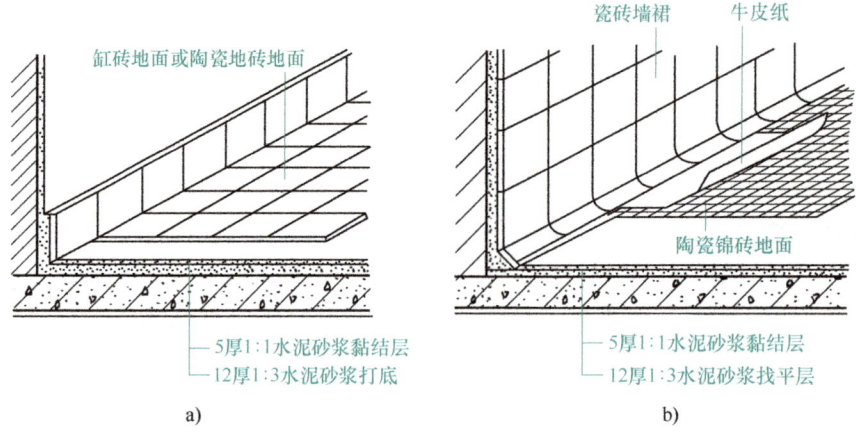

图 5-19 缸砖地面、陶瓷地砖地面及陶瓷锦砖地面构造做法

（3）天然石板地面 天然石板地面常用的天然石板有大理石板和花岗石板，天然石板具有质地坚硬、色泽艳丽的特点，多用于高标准的建筑中。其构造做法是先在混凝土基层上刷素水泥浆一道，抹 30 厚 1:3 干硬性水泥砂浆找平，再撒 2mm 厚素水泥（洒适量清水），然后平铺 20mm 厚大理石板（花岗石板），最后再用素水泥浆擦缝，如图 5-20 所示。

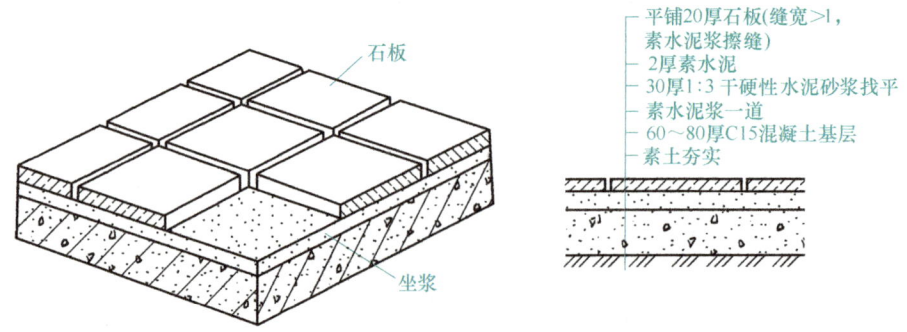

图 5-20 天然石板地面构造做法

（4）木地面　木地面按其所用木板规格不同有普通木地面、硬木条地面和拼花木地面三种形式，按其构造形式不同有空铺木地面、实铺木地面和粘贴木地面三种形式。

1）空铺木地面常用于底层地面，其做法是砌筑地垄墙，将木地板架空放置，以防止木地板受潮腐烂，如图5-21所示。

2）实铺木地面。实铺木地面是将木搁栅直接固定在结构基层上，不再用地垄墙等架空支承结构，构造比较简单，适合于地面标高已经达到设计要求的场合，如图5-22所示。

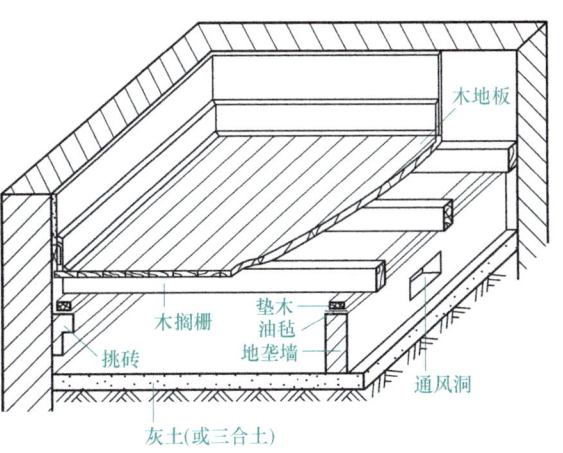

图 5-21　空铺木地面

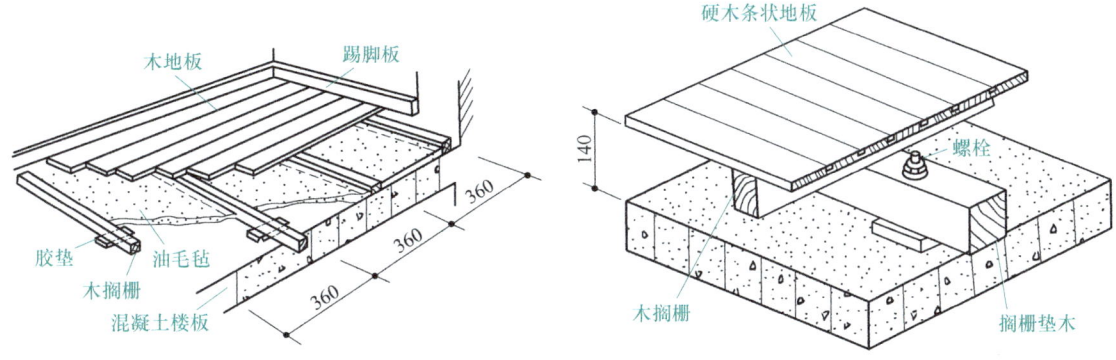

图 5-22　实铺木地面

3）粘贴木地面。粘贴木地面是在结构层（钢筋混凝土楼板或底层素混凝土）上做好找平层，再用黏结材料将各种木板直接粘贴而成，具有构造简单、占空间高度小、费用少等优点，如图5-23所示。

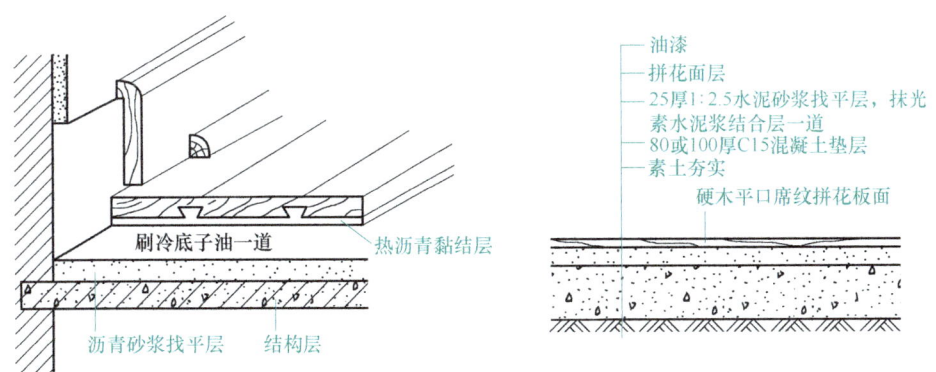

图 5-23　粘贴木地面

3. 粘贴类地面构造

粘贴类地面以粘贴卷材为主，常见的有橡胶地毡地面、塑料地毡地面、油地毡地面以及各种地毯地面等。这些地面表面美观、干净，装饰效果好，具有良好的保温、消声性能，适用于公共建筑和居住建筑，如图 5-24 所示。

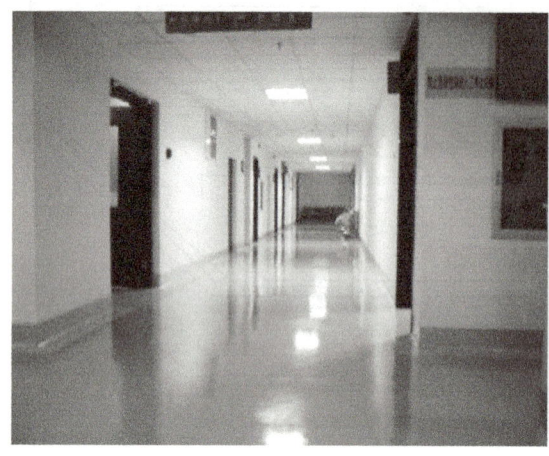 

图 5-24　橡胶地毡地面和地毯地面

4. 涂料类地面构造

涂料类地面是以涂料涂刷或涂刮制成的，它是水泥砂浆地面或混凝土地面的一种表面处理形式，用以改善水泥砂浆地面在使用和装饰方面的不足。涂料类地面的涂料品种较多，有溶剂型、水溶性和水乳型等地面涂料。

涂料类地面可有效解决水泥砂浆地面易起灰的问题，涂料与水泥砂浆表面黏结力强，具有良好的耐磨、抗冲击、耐酸、耐碱等性能，水乳型和溶剂型涂料还具有良好的防水性能。

【学习检测】

1. 阐述楼地面的功能要求。
2. 搜集资料，举例说明楼地面的类型。

5.4　顶棚、阳台与雨篷构造

顶棚、阳台、雨篷本身既是独立的构造形态，更属于与楼板层不可分割的水平承载体系。因为其受力性质和空间整体属性，学习时必须与楼板层结合起来加以认识与掌握，所以纳入本单元中讲解，以便于系统性地学习和理解。

5.4.1　顶棚

顶棚是指建筑物屋顶和楼层下表面的装饰构件，又称天棚、天花板。顶棚是室内空间的顶界面，同楼地面一样，是建筑物主要装饰部位之一。

顶棚的构造设计与选择应从建筑功能、建筑声学、建筑照明、建筑热工、设备安装、管线敷设、维护检修、防火安全以及美观要求等多方面综合考虑。顶棚要求光洁、美观，能通过反射光照来改善室内采光及卫生状况，对某些有特殊要求的房间，还要求顶棚具有隔声、防水、保温、隔热等功能。

顶棚按照构造方式不同有直接式顶棚和悬吊式顶棚两种类型。

1. 直接式顶棚

直接式顶棚是指在钢筋混凝土楼板下直接喷刷涂料、抹灰或粘贴饰面材料的构造做法，多用于民用建筑中。直接式顶棚一般具有构造简单、构造层厚度小、可以充分利用空间的特点；采用适当的处理手法，可获得多种装饰效果；材料用量少，施工方便，造价也较低。但这类顶棚没有供隐藏管线的内部空间，故小口径的管线应预埋在楼（屋）盖结构及其构造层内，大口径的管道则无法隐蔽。直接式顶棚适用于普通建筑及室内建筑高度空间受到限制的场所。直接式顶棚通常有以下几种做法：

（1）直接喷刷涂料顶棚　直接喷刷涂料顶棚是在楼板底面填缝刮平后直接喷或刷大白浆、石灰浆等涂料，以增加顶棚的反射光照作用，通常用于装饰要求不高的房间。

（2）抹灰顶棚　抹灰顶棚是在楼板底面勾缝或刷素水泥浆后进行抹灰装修，抹灰表面可喷或刷涂料，适用于一般装修标准的房间。抹灰顶棚一般有麻刀灰（或纸筋灰）顶棚、水泥砂浆顶棚和混合砂浆顶棚等，其中麻刀灰顶棚应用最普遍。麻刀灰顶棚的做法是先用混合砂浆打底，再用麻刀灰罩面，如图5-25a所示。

（3）贴面顶棚　贴面顶棚是在楼板底面用砂浆打底找平后，用胶粘剂粘贴墙纸、泡沫塑胶板或装饰吸声板等，一般用于楼板底部平整，不需要顶棚敷设管线而装修要求又较高的房间，或有吸声、保温隔热等要求的房间，如图5-25b所示。

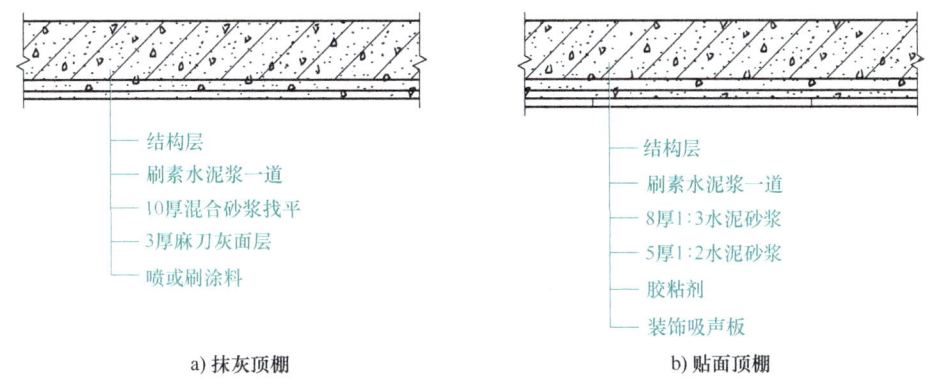

a）抹灰顶棚　　　　　　　　　　　b）贴面顶棚

图 5-25　直接式顶棚构造

2. 悬吊式顶棚

悬吊式顶棚简称吊顶，是指顶棚的装饰表面与屋面板或楼板之间留有一定距离，这段距离形成的空腔既可以将设备管线和结构隐藏起来，也可使顶棚在这段空间高度上产生变化，形成一定的立体感，增强装饰效果。吊顶一般由吊筋、骨架和面层三部分组成。

（1）吊筋（吊杆）　吊筋是连接骨架（吊顶基层）与承重结构层（屋面板、楼板、大梁等）的承重传力构件，吊筋与钢筋混凝土楼板的固定方法有预埋件锚固、膨胀螺栓锚固和射钉锚固等，如图5-26所示。

（2）骨架　骨架主要由主、次龙骨组成（图5-27），其作用是承受顶棚荷载并由吊筋将荷载传递给屋顶或楼板结构层。骨架按材料分类有木骨架和金属骨架两类。

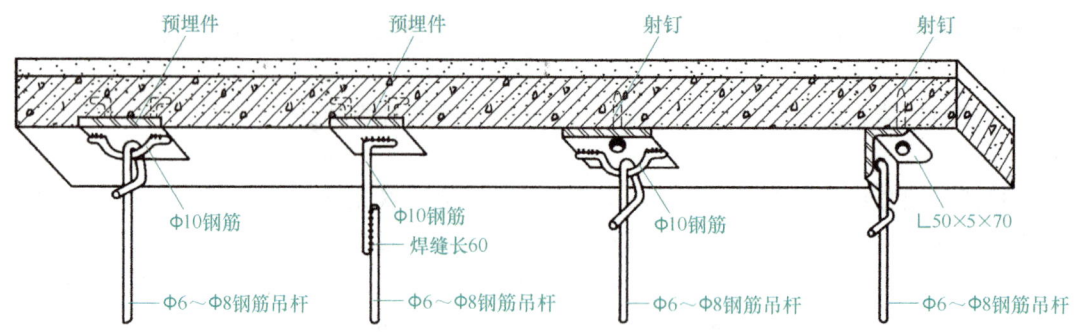

图 5-26 吊筋与钢筋混凝土楼板的固定

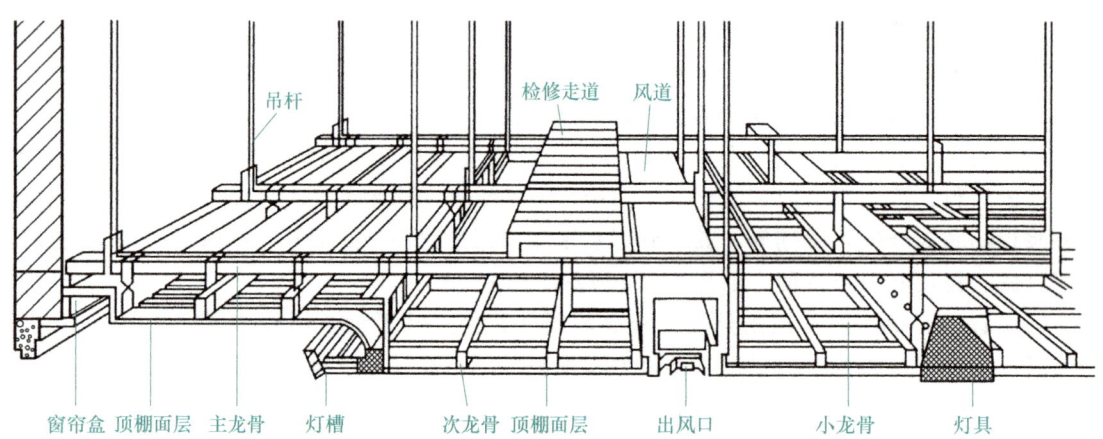

图 5-27 悬吊式顶棚骨架构造

（3）面层　面层的作用是装饰室内空间，同时起一些特殊作用，如吸声、反射光等。面层构造做法一般分为抹灰类（板条抹灰面层、钢板网抹灰面层、苇箔抹灰面层等）、板材类（纸面石膏板面层、石膏吸声板面层、钙塑板面层、金属穿孔吸声板面层等），在设计和施工时要与灯具、风口布置等统筹考虑，如图 5-27 所示。悬吊式顶棚板材类面层所用板材的材料性能及适用范围见表 5-1。

表 5-1　悬吊式顶棚板材类面层所用板材的材料性能及适用范围

板材名称	材料性能	适用范围
纸面石膏板、石膏吸声板	质量小、强度高、阻燃防火、保温隔热，可锯、钉、刨、粘贴，加工性能好，施工方便	适用于各类公共建筑的顶棚

（续）

板材名称	材料性能	适用范围
矿棉吸声板	质量小、吸声、防火、保温隔热、美观、施工方便	适用于公共建筑的顶棚
珍珠岩吸声板	质量小、防火、防潮、防蛀、耐酸,装饰效果好,可锯、割,施工方便	适用于各类公共建筑的顶棚
钙塑板	质量小、吸声、隔热、耐水,施工方便	适用于公共建筑的顶棚
金属穿孔吸声板	质量小、强度高、耐高温、耐压、耐腐蚀、防火、防潮、化学稳定性好、组装方便	适用于各类公共建筑的顶棚
金属面吸声板	质量小、吸声、防火、保温隔热、美观、施工方便	适用于各类公共建筑的顶棚
贴塑吸声板	热导率低、不燃、吸声效果好	适用于各类公共建筑的顶棚
珍珠岩织物复合板	防火、防水、防霉、防蛀、吸声、隔热,可锯、钉,加工方便	适用于公共建筑的顶棚

5.4.2 阳台

阳台是连接室内的室外平台，给居住在建筑里的人们提供一个舒适的室外活动空间，是多层住宅、高层住宅和旅馆等建筑中不可缺少的一部分。

1. 阳台的类型

阳台按其与外墙面的关系分为悬挑阳台、凹阳台、半挑半凹阳台；按其在建筑中所处的位置可分为中间阳台和转角阳台，如果 5-28 所示。

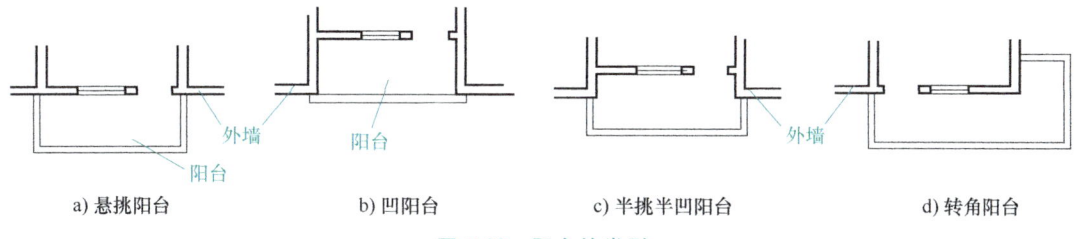

a) 悬挑阳台　　　b) 凹阳台　　　c) 半挑半凹阳台　　　d) 转角阳台

图 5-28　阳台的类型

2. 设计要求

（1）安全适用　悬挑阳台的挑出长度不宜过大，应保证在荷载作用下不发生倾覆，以 1.2~1.8m 为宜。低层、多层住宅阳台栏杆的净高不低于 1.05m，中高层住宅阳台栏杆的净高不低于 1.1m，但也不应高于 1.2m。阳台栏杆的形式应考虑防坠落（垂直栏杆间净距不应大于 110mm）、防攀爬（不设水平栏杆）等需求，以免造成人身伤害。阳台上放置花盆处，应采取防坠落措施。

（2）坚固耐久　阳台所用材料和构造措施应经久耐用，承重结构宜采用钢筋混凝土，金属构件应做防锈处理，表面装饰应注意色彩的耐久性和抗污染性。

（3）排水顺畅　为防止阳台上的雨水流入室内，设计时要求将阳台地面标高低于室内地面标高 30~50mm，并将地面抹出不小于 1% 的排水坡将水导入排水口，使雨水能顺利排出。

阳台设计时还应考虑地区气候的特点，我国南方地区宜采用有助于空气流通的空透式阳台栏杆，而北方寒冷地区和中高层住宅应采用实体阳台栏杆，并满足立面美观的要求，为建筑物的形象增添风采。

3. 阳台结构布置方式

阳台承重结构通常是楼板的一部分，因此应与楼板的结构布置统一考虑，常见布置方式如下：

1）挑板式：由楼板挑出的阳台板构成，出挑不宜过多，否则施工较麻烦。这种布置方式的阳台板底平整、造型简洁（图5-29a）。

2）压梁式：阳台板与墙梁浇在一起，靠墙梁和梁上外墙的自重平衡阳台荷载（外墙不承重时）（图5-29b）。

3）挑梁式：从横墙上外挑梁，梁上搁置阳台板制成，挑梁通常与阳台板整浇在一起（图5-29c）。

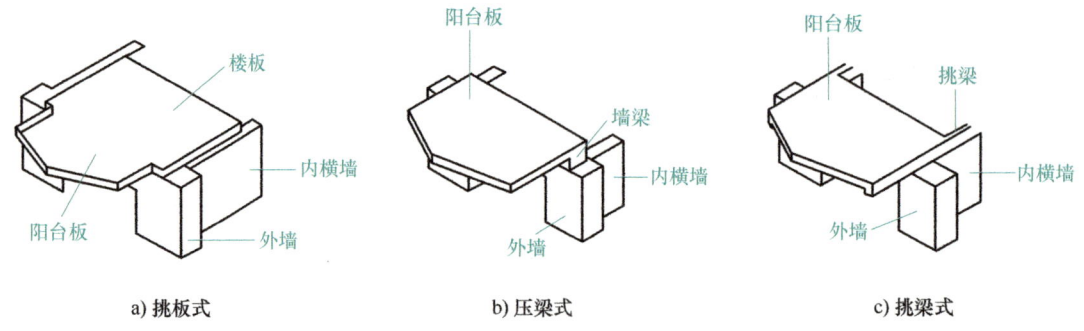

图5-29 阳台结构布置方式

4. 阳台的细部构造

（1）阳台栏杆、栏板　栏杆、栏板是阳台的安全围护设施，主要承受人们倚扶时的侧向推力，同时对整个房屋有一定的装饰作用。栏杆和栏板的高度应大于人体重心高度，一般不小于1.05m。高层建筑的栏杆和栏板应加高，但不宜超过1.2m。阳台栏杆、栏板按空透情况可分为实体式、空花式、组合式等形式；按材料可分为钢筋混凝土栏板、金属栏杆，预制钢筋混凝土栏杆，钢栏杆等形式，如图5-30所示。

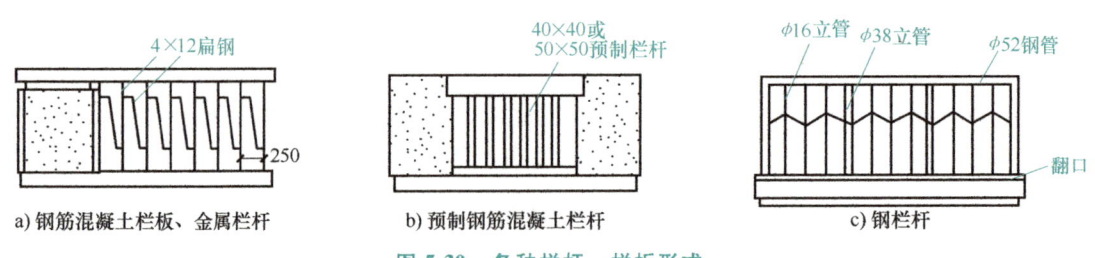

图5-30 各种栏杆、栏板形式

（2）阳台扶手　扶手是供人手扶使用的，有金属和钢筋混凝土两种。金属扶手一般为钢管与金属栏杆焊接。钢筋混凝土扶手应用广泛、形式多样，一般直接用作栏杆压顶，宽度有80mm、120mm、160mm等。当扶手上需放置花盆时，需在外侧设保护栏杆，保护栏杆一般高180~200mm。阳台扶手构造如图5-31所示。

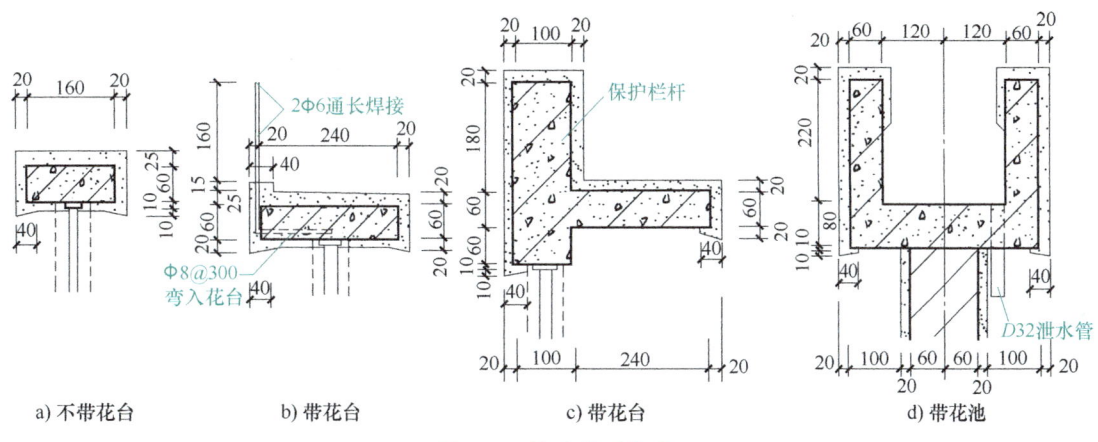

图 5-31 阳台扶手构造

（3）细部构造 阳台细部构造主要包括栏杆与扶手的连接、栏杆与面梁（或止水带）的连接、扶手与墙体的连接、栏杆与墙体的连接等。

栏杆与扶手的连接方式有焊接、现浇等。栏杆与面梁或阳台板的连接方式有焊接、榫接坐浆、现浇等。扶手与墙体的连接，应将扶手或扶手中的钢筋伸入外墙的预留洞中，用细石混凝土或水泥砂浆填实固牢；现浇钢筋混凝土栏杆与墙体连接时，应在墙体内预埋240mm×240mm×120mm 的 C20 细石混凝土块，从中伸出 300mm 长的 2φ6 钢筋与栏杆中的钢筋绑扎后再进行现浇，如图 5-32 所示。

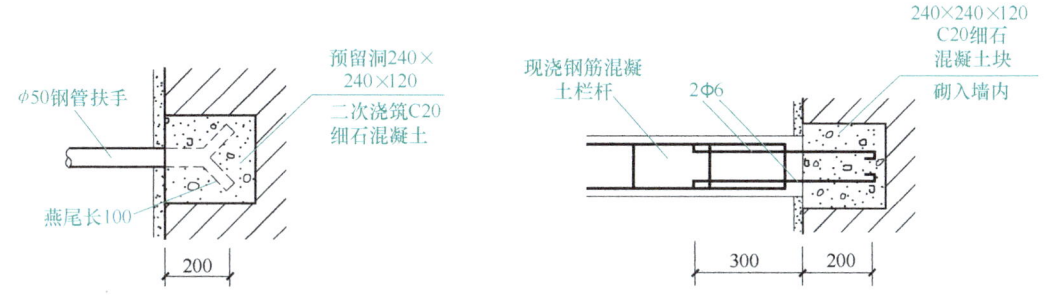

图 5-32 现浇钢筋混凝土栏杆与墙体的连接

5. 阳台排水

由于阳台为室外构件，须采取措施保证地面排水通畅。阳台地面的设计标高应比室内地面标高低 30~50mm，以防止雨水流入室内，并以不小于 1% 的坡度坡向排水口。

阳台排水有外排水和内排水两种方式：外排水是在阳台外侧设置雨水管或排水管将水排出，雨水管或排水管一般采用镀锌管或塑料管，排水管的外挑长度不小于 80mm，以防雨水溅到下层阳台，如图 5-33a 所示，外排水适用于低层和多层建筑；内排水是在阳台内侧设置排水立管和地漏（图 5-33b），将雨水直接排入地下管网，内排水适用于高层建筑和高标准建筑。

5.4.3 雨篷

雨篷是指在建筑物外墙出入口的上方用于挡雨并有一定装饰作用的水平构件。雨篷根据雨篷板的支承方式不同有悬板式和梁板式两种形式；按材质可分为钢筋混凝土雨篷和钢结构

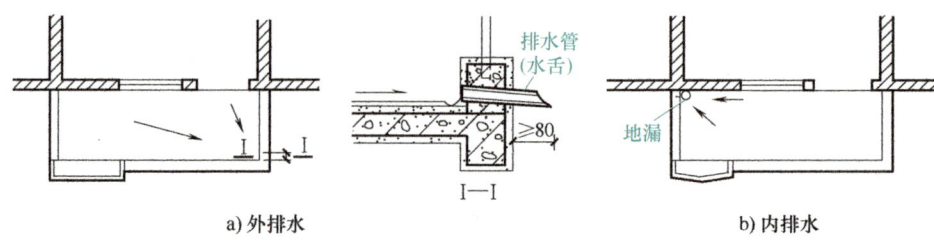

图 5-33 阳台排水处理

玻璃采光雨篷等。

1. 悬板式雨篷

悬板式雨篷（图 5-34a）外挑长度一般为 0.9~1.5m，板根部厚度不小于挑出长度的 1/12，雨篷宽度比门洞每边宽 250mm，雨篷排水方式可采用无组织排水和有组织排水两种方式。雨篷顶面距过梁顶面 250mm，板底抹灰可抹 15mm 厚内掺 5%防水剂的 1∶2 防水水泥砂浆。悬板式雨篷多用于次要出入口。

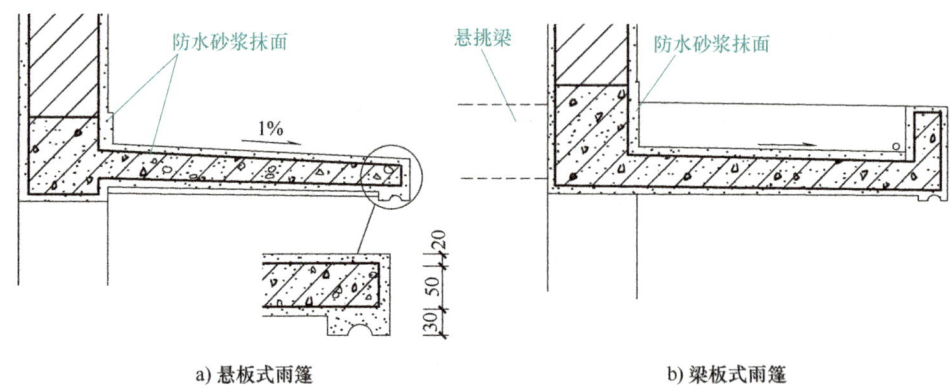

图 5-34 雨篷构造

2. 梁板式雨篷

当门洞口尺寸较大，雨篷挑出尺寸也较大时，雨篷应采用梁板式结构，即雨篷由梁和板组成，为使雨篷底面平整，梁一般翻在板的上面形成翻梁，如图 5-34b 及图 5-35 所示。当雨篷尺寸更大时，可在雨篷下面设支撑柱。

图 5-35 钢筋混凝土梁板式雨篷实例

3. 钢结构玻璃采光雨篷

钢结构玻璃采光雨篷（图 5-36）是用阳光板、钢化玻璃作为雨篷面板的新型透光雨篷，其特点是结构轻巧、造型美观、透明新颖、富有现代感，是广泛采用的一种雨篷形式。其做法是用钢结构作为支承受力体系，在钢结构上伸出爪件固定玻璃，玻璃四角的爪件承受风荷载和地震作用并将这些荷载传到后面的钢结构上，最后传到建筑结构上。

图 5-36　钢结构玻璃采光雨篷

【学习检测】

1. 简述顶棚、阳台和雨篷的基本功能。
2. 举例说明各种类型顶棚、阳台和雨篷的特点。

5.5　楼板层与楼地面识图训练

1）如图 5-37 所示为装配式结构常用的钢衬板组合楼板的立体剖面图，请结合其识图方法画出其平面图、剖面图。

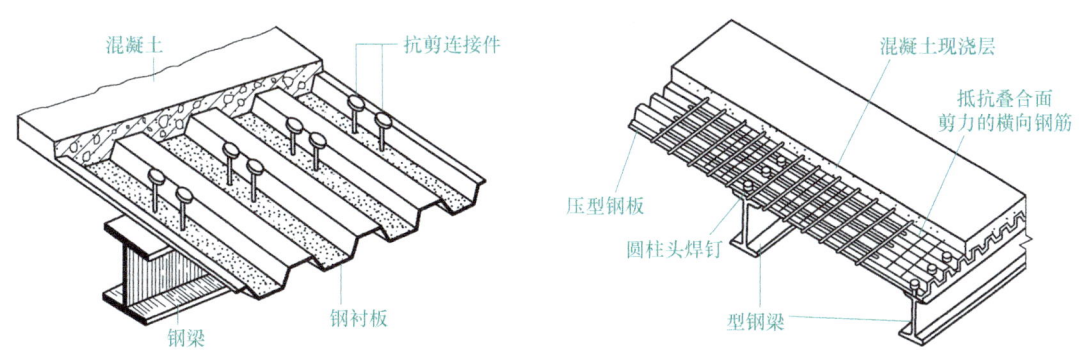

图 5-37　钢衬板组合楼板立体剖面图

2）判断图 5-38 中哪个是单向板、哪个是双向板，并结合课程知识对单（双）向板的受力及构造特征进行分析。

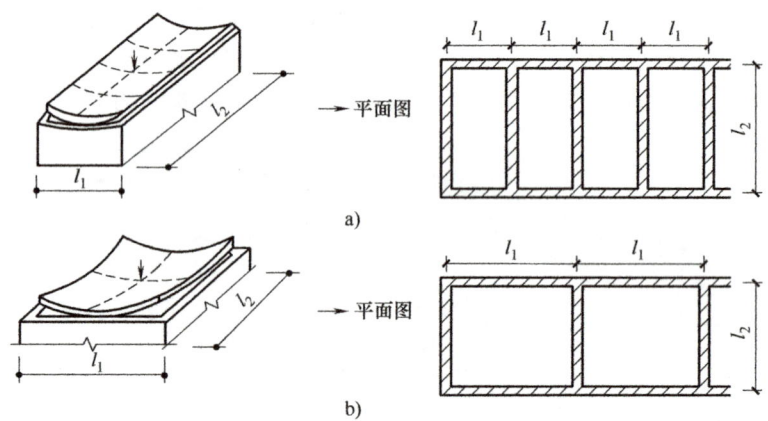

图 5-38 单向板、双向板识别

3）观察水磨石楼地面，识读图 5-39，说明其构造做法。

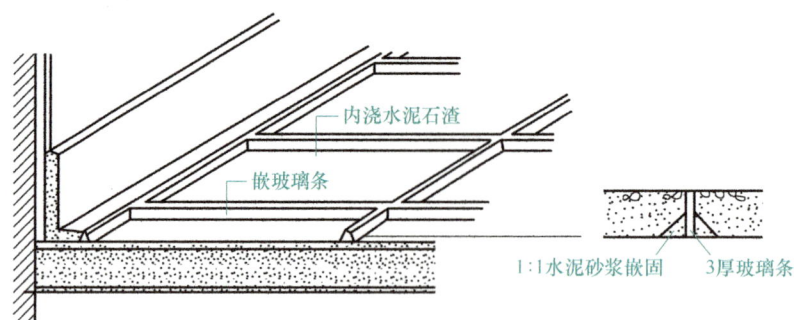

图 5-39 水磨石楼地面构造

单元小结

1）楼板层是用来分隔建筑物垂直方向室内空间的水平构件，同时又是承重构件；楼板层又是墙或柱在水平方向的支承构件，以减少风和地震作用对墙体的影响，加强建筑墙体抵抗水平方向变形的刚度。楼板层主要由面层、附加层、结构层和顶棚组成。

2）楼板层的设计应满足建筑的使用、结构、施工以及经济等多方面的要求；楼板层按结构层所用材料的不同，可分为木楼板、砖拱楼板、钢筋混凝土楼板、钢楼板和钢衬板组合楼板等；现浇式钢筋混凝土楼板根据受力和支承情况不同，分为板式楼板、梁板式楼板、无梁楼板和压型钢板混凝土组合式楼板等。

3）楼地面和地坪层在构造与要求上是一致的，统称地面，其基本组成有面层、垫层和基层三部分。当有特殊要求时，可在面层和垫层之间增设附加层。

4）顶棚主要有直接式顶棚和悬吊式顶棚两种类型。

5）阳台与雨篷应根据其功能、安全、美观等要求确定其构造方式。

思考与练习

一、填空题

1. 楼板层是用来分隔建筑物_____的水平构件。
2. 楼板层按结构层所用材料的不同，可分为_____、_____、_____、_____和_____等。
3. 现浇式钢筋混凝土楼板按受力和支承情况分为_____、_____、_____以及_____。
4. 顶棚按照构造方式，分为_____和_____。
5. 地面的基本组成有_____、_____和_____三部分。当有特殊要求时，可增设_____。
6. 楼板层主要由_____、_____、_____和_____四部分组成。

二、简答题

1. 楼板层、楼地面的相同与不同之处有哪些？其基本组成是什么？
2. 现浇式钢筋混凝土楼板的种类及其传力特点是什么？
3. 简述使用压型钢板混凝土组合式楼板应注意的问题。
4. 阳台的种类及其作用有哪些？
5. 雨篷的作用是什么？其构造要点有哪些？

单元 6

建筑围护与装饰结构体系——屋顶

【学习目标】
◇ 认识屋顶与屋面。
◇ 理解屋顶的功能及屋面的构造做法。
◇ 掌握平屋顶与坡屋顶的排水、防水、保温等构造做法。

6.1 初识屋顶与屋面

各种屋顶

屋顶是房屋最上层的覆盖物，由屋面和支撑结构组成，如图 6-1、图 6-2 所示。屋面一般指屋顶的构造面，屋面做法是屋顶构造的重点。

图 6-1 屋顶的形象与美学价值

现代住宅建筑外墙与屋顶

图 6-2 坡屋顶

本单元介绍的是作为现代建筑系统中围护结构体系的平屋顶及坡屋顶的造型、功能及构造做法。

6.1.1 屋顶的功能与分类

屋顶是房屋最上层的覆盖物,由屋面和支撑结构组成。屋顶的功能一方面是防止自然界雨、雪和风沙的侵袭及太阳辐射的影响;另一方面是承受屋顶的荷载,包括风雨雪荷载、屋顶自重以及可能出现的构件和人群的重量,并把这些荷载传给墙体。因此,对屋顶的要求是坚固耐久、自重较轻,具有防水、防火、保温及隔热的性能;同时,要求构造简单、施工方便,并能与建筑物整体相配合,具有良好的外观。

屋顶的主要类型为平屋顶、坡屋顶,平屋顶的坡度一般为1%~3%,坡屋顶的坡度一般大于3%。屋顶的功能设计主要是排水、防水及保温、隔热。

屋顶排水

6.1.2 屋面的基本构造层次

屋顶的构造做法一般通过屋面基本构造层次的解析来学习与掌握。屋面的基本构造层次宜符合表6-1的要求,设计人员可根据建筑物的性质、使用功能、气候条件等因素进行选择。

表 6-1　屋面的基本构造层次

屋面类型	基本构造层次(自上而下)
卷材、涂膜屋面	保护层、隔离层、防水层、找平层、保温层、找平层、找坡层、结构层
	保护层、保温层、防水层、找平层、找坡层、结构层
	种植隔热层、保护层、耐根穿刺防水层、防水层、找平层、保温层、找平层、找坡层、结构层
	架空隔热层、防水层、找平层、保温层、找平层、找坡层、结构层
	蓄水隔热层、隔离层、防水层、找平层、保温层、找平层、找坡层、结构层
瓦屋面	块瓦、挂瓦条、顺水条、持钉层、防水层或防水垫层、保温层、结构层
	沥青瓦、持钉层、防水层或防水垫层、保温层、结构层
金属板屋面	压型金属板、防水垫层、保温层、承托网、支承结构
	上层压型金属板、防水垫层、保温层、底层压型金属板、支承结构
	金属面绝热夹芯板、支承结构
玻璃采光顶	玻璃面板、金属框架、支承结构
	玻璃面板、点支承装置、支承结构

注:1. 表中结构层包括混凝土基层和木基层;防水层包括卷材和涂膜防水层;保护层包括块体材料保护层、水泥砂浆保护层、细石混凝土保护层。
　　2. 有隔汽要求的屋面,应在保温层与结构层之间设隔汽层。

【学习检测】

1. 阐述将屋顶放到建筑的整体围护结构体系中进行解析的思维方法。
2. 通过对身边城市的观察,尝试描述一种城市建筑中的屋顶(从其功能与构造的关联角度来说)。
3. 结合表6-1,通过对身边建筑屋面的构造层次的具体观察,理解屋面的构造层次。

6.2 平屋顶

6.2.1 平屋顶的排水与防水功能构造措施

1. 平屋顶排水及其组织形式

平屋顶的排水方式分为无组织排水和有组织排水两大类，有组织排水又分为外排水和内排水。平屋顶排水需要找坡，设计坡度一般为 1%～3%。

2. 平屋顶的防水

平屋顶的防水与排水是一个有机整体，以排为主、防排结合是平屋顶的重要构造原则。平屋顶防水主要通过防水材料达到防水的目的。平屋顶防水根据防水材料不同可以细分为卷材防水和涂膜防水，其中卷材防水是指使用胶结材料将柔性防水卷材粘贴在屋顶形成防水层，卷材可选用合成高分子防水卷材和高聚物改性沥青防水卷材；涂膜防水屋面是将防水材料涂刷在屋面基层上，利用涂料干燥或固化后的不透水性来达到防水的目的，如氯丁胶乳沥青防水涂料。

在设计和施工平屋顶防水时，应注意防排紧密结合，做好檐沟等外排水的交接处理也是防水的关键所在；尤其考虑周全构造层次，要以结构层、找坡层、找平层、结合层、防水层、保护层等的整体构造来看待平屋顶的防排结合构造原则。按照檐沟在屋顶的位置不同，平屋顶外排水的屋顶形式有沿屋顶四周设檐沟、沿纵墙设檐沟、女儿墙外设檐沟、女儿墙内设檐沟等，如图 6-3 所示。

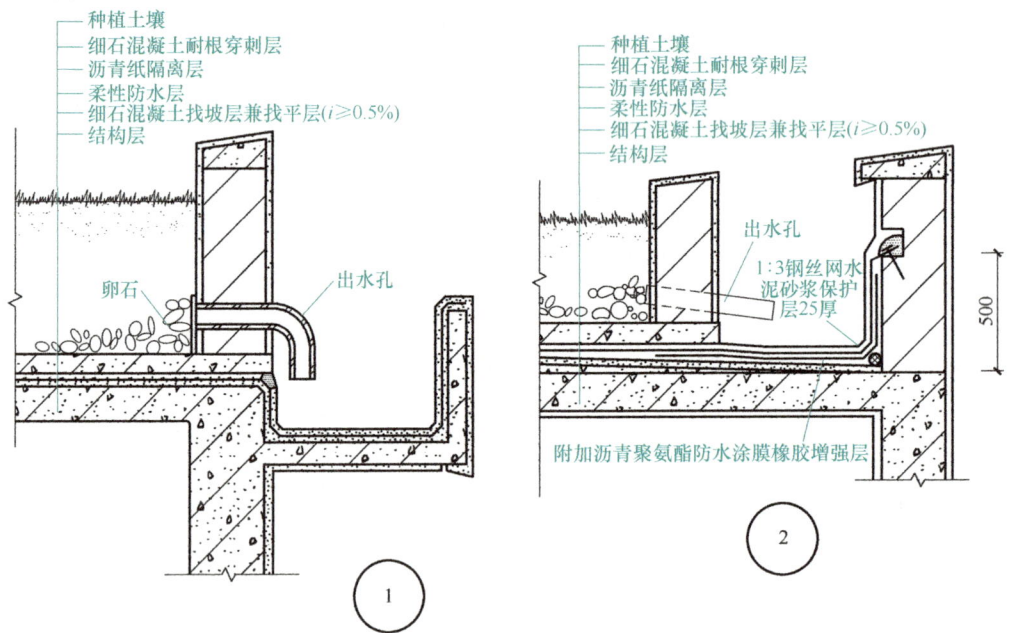

图 6-3 带檐沟的种植屋面排水（有组织排水）

6.2.2 平屋顶的保温与隔热构造措施

平屋顶的保温与隔热构造在不同的气候区域各有侧重。普通平屋顶首先重视保温，在寒冷地区或有空调要求的建筑中，平屋顶应做保温处理。保温材料多为轻质多孔材料，一般有松散材料、整体材料和板块材料三种类型。保温与隔热构造可考虑以下类型。

1. 蓄水隔热屋面

平屋顶蓄水隔热屋面的作用机理是利用水蒸发时需要大量的汽化热，来大量消耗照射到屋面的太阳辐射热。应注意的是，屋顶围护结构的重点功能包括保温与排水、防水，其中以排水为重点，因为防水材料有耐久性的问题，屋顶存水必须进行特殊处理。所以，蓄水隔热屋面一般只应用在热带少雨的沙漠地区，在寒冷、多雨地区不能使用。

2. 绿化植被隔热屋面

绿化植被隔热屋面是在平屋顶上种植植物，利用植物光合作用时吸收热量和植物对阳光的遮挡功能来达到隔热的目的，如图6-4所示。这种屋面在满足隔热要求的同时，还能够增加绿化面积，有利于美化环境、净化空气；但它增加了屋顶荷载，结构处理较复杂。绿化植被隔热屋面的基本构造层次包括基层、绝热层、找坡（找平）层、普通防水层、耐根穿刺层、保护层、排（蓄）水层、过滤层、种植土层和植被层等。

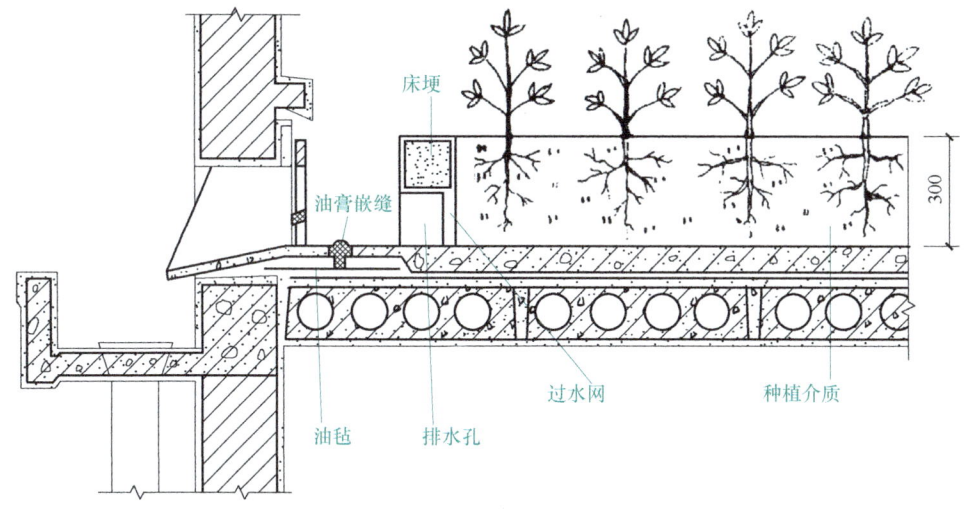

图6-4 绿化植被隔热屋面构造做法示意图

3. 反射隔热屋面

反射隔热屋面就是在屋面铺浅色的砾石或刷浅色涂料等，利用浅色材料的颜色和光滑度对热辐射的反射作用，将屋面的太阳辐射热反射出去，从而达到隔热的作用。例如，卷材防水屋面采用的新型防水卷材（如高聚物改性沥青防水卷材和合成高分子防水卷材正面覆盖的铝箔），就是利用反射隔热原理。

4. "气泡"屋面

"气泡"屋面是新材料、新技术、新工艺和装配式建筑不断发展的产物，国家体育场"鸟巢"中应用了膜结构，而国家游泳中心"水立方"的"气泡"屋面（图6-5）作为一种特殊的膜结构，在保证传统屋面保温、防水功能的同时，其屋面与外墙等围护结构从水平到竖直完整地保持一致，形成一种水天一色的整体美。"气泡"形成光的通透与折射，映衬出水的多姿多彩。"水立方"的"气泡"屋面与外墙其实是一种膜结构气枕装置，配属一套智能的充气系统维持压力平衡。

图 6-5 "气泡"屋面

【学习检测】

1. 将所学知识与实际观察相结合，阐述平屋顶的排水、保温做法。
2. 结合所学知识，举例解析平屋顶建筑隔热构造做法。
3. 结合所学知识，阐述建筑屋顶的排水组织。
4. 结合所学知识，简述平屋顶建筑图纸中构造层次的标注方法。

6.3 坡屋顶

6.3.1 坡屋顶的排水构造措施

坡屋顶如图 6-6 所示。坡屋顶由承重结构、屋面和顶棚等部分组成，根据使用要求不同，有时还需增设保温层或隔热层等。屋面类别与屋面排水坡度的关系见表 6-2。

图 6-6 坡屋顶

坡屋顶排水有两种形式：无组织排水（图 6-7）和有组织排水。有组织排水又分为挑檐沟外排水和女儿墙檐沟外排水。

表 6-2 屋面类别与屋面排水坡度的关系

屋面类别	屋面排水坡度（%）	屋面类别	屋面排水坡度（%）
卷材防水屋面、刚性防水屋面	2~5	网架屋面、悬索结构金属板屋面	≥4
平瓦屋面	20~50	压型钢板屋面	5~35
波形瓦屋面	10~50	种植土屋面	1~3
油毡瓦屋面	≥20		

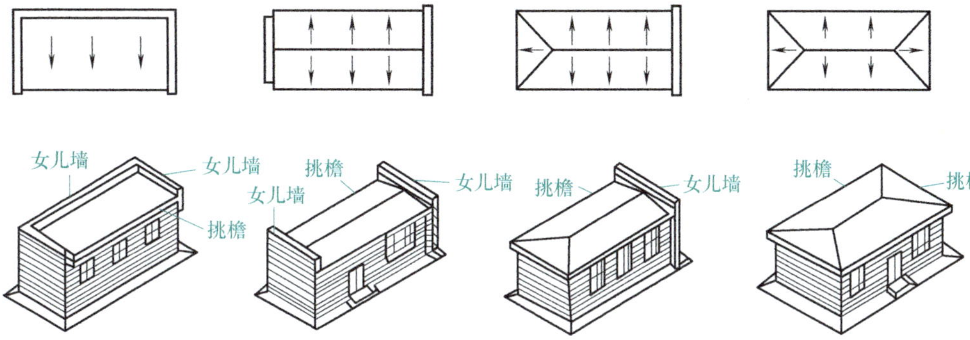

图 6-7 无组织排水

6.3.2 坡屋顶的保温与隔热构造措施

1. 坡屋顶的保温

坡屋顶的保温层一般布置在瓦材与檩条之间或顶棚上面。保温材料可根据工程具体要求选用松散材料、块状材料或板状材料。在小青瓦屋面中，一般在基层上满铺一层黏土麦秸泥作为保温层，小青瓦片黏结在该保温层上；在平瓦屋面中，可将保温层填充在檩条之间；在设有吊顶的坡屋顶中，常常将保温层铺设在顶棚之上，可起到保温、隔热双重作用。

2. 坡屋顶的隔热

坡屋顶一般利用屋顶通风来隔热，有屋面通风和顶棚通风两种做法。采用屋面通风时，应在屋顶檐口设进风口，屋脊设置出风口，利用空气流动带走间层的热量，以降低屋顶的温度。

【学习检测】

绘制简图阐述平屋顶和坡屋顶的排水做法。

6.4 屋顶识图训练

1）图 6-8 为种植屋面的檐口细部做法，结合所学知识进行识读。

2）屋顶的核心功能是防水，防水要以排水为主、防排结合。图 6-9 为某学校建筑的屋顶平面图，大家可以参观自己学校的建筑屋顶，加深对图示语言的理解，在图 6-9 中标注排水坡度、天窗做法、屋顶设备通道等关键信息，具体细部构造要求标注尺寸。

3）请在图 6-10 中找到不同层次的屋顶平面并加以标注，如最高处屋顶、次级屋顶等，并请根据实际构造要求标注有组织排水和无组织排水的细部构造。

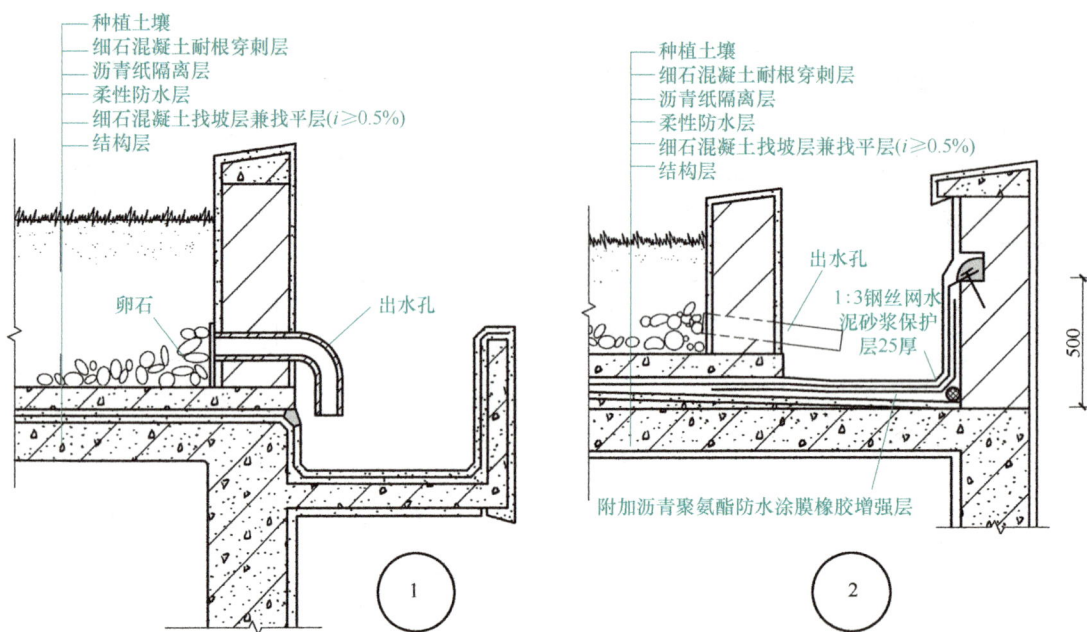

图 6-8 种植屋面的檐口细部做法

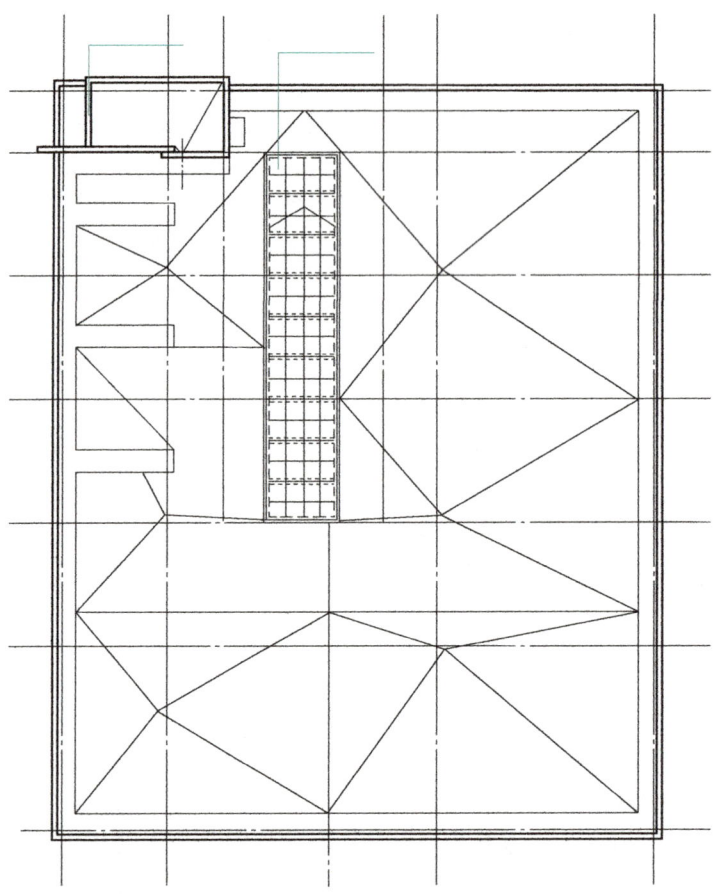

图 6-9 某学校建筑的屋顶平面图

单元6 建筑围护与装饰结构体系——屋顶

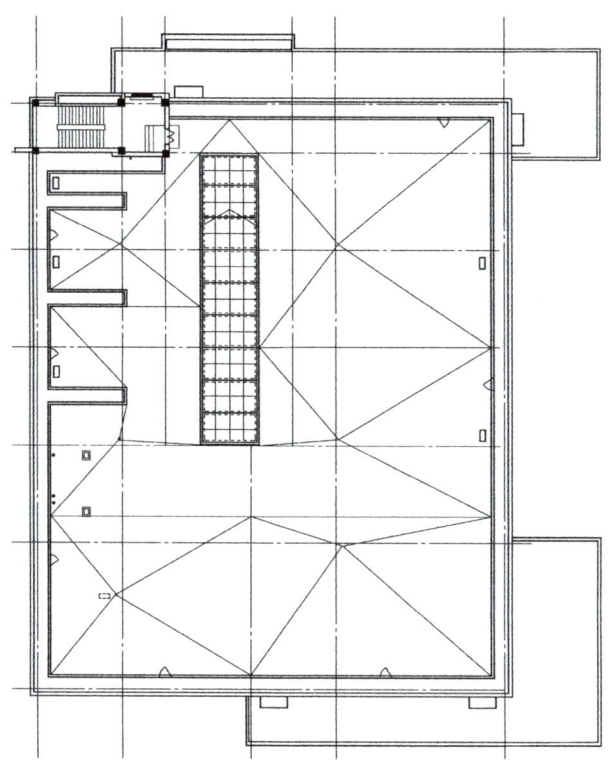

图 6-10 屋顶平面图

4）根据图 6-11，结合所学知识在脑海中构建该网架的屋顶三维模型，培养空间思考能力。

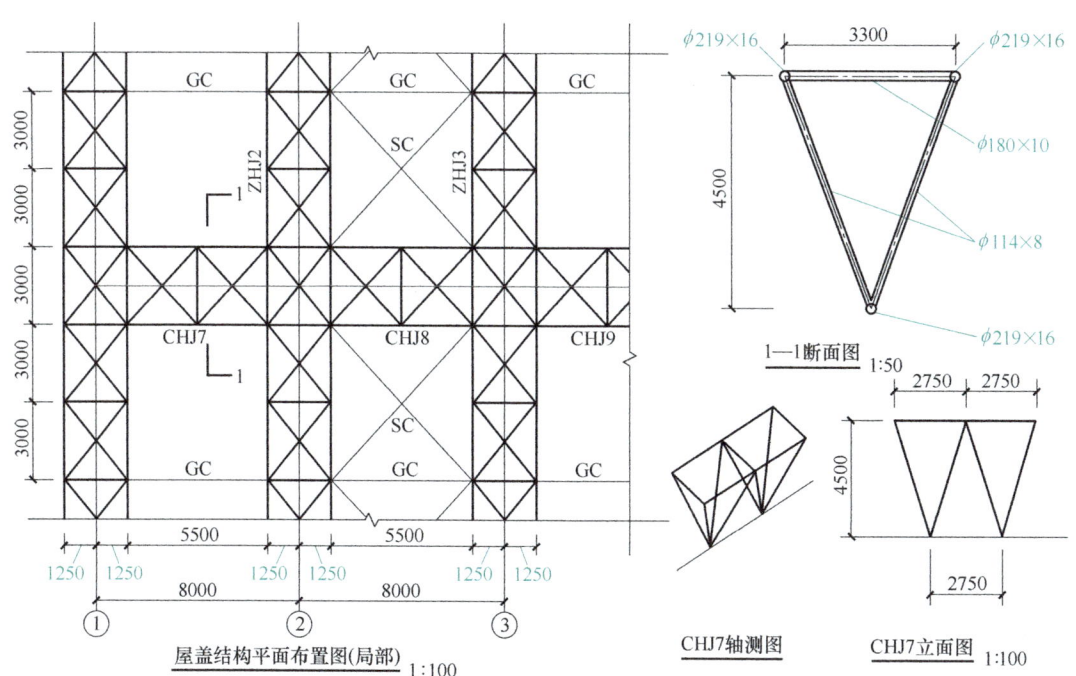

图 6-11 标准四角锥网架的结构布置图

113

单元小结

1）屋顶的主要类型为平屋顶、坡屋顶。平屋顶坡度一般为1%~3%；坡屋顶坡度一般大于3%。屋顶的设计要求主要是排水、防水及保温、隔热。

2）屋顶排水坡度的形成，有结构找坡和材料找坡两种形式。屋顶坡度主要与防水材料、当地降雨量和结构形式有关。屋面排水方式分为有组织排水和无组织排水两种。无组织排水主要适用于少雨地区或高度不太高的建筑；有组织排水可分为外排水和内排水两种基本形式。

3）平屋顶防水主要是通过防水材料达到防水的目的。平屋顶的构造层次有结构层、找坡层、找平层、结合层、防水层、保护层等。卷材防水屋面是指使用胶结材料将柔性防水卷材粘贴在屋顶形成防水层，卷材可选用合成高分子防水卷材和高聚物改性沥青防水卷材。涂膜防水屋面是将防水材料涂刷在屋面基层上，利用涂料干燥或固化后的不透水性来达到防水的目的，如氯丁胶乳沥青防水涂料屋面。

4）坡屋顶主要由承重结构、屋面和顶棚等部分组成，目前主要将屋架或钢筋混凝土现浇板作为坡屋顶的承重构件。屋面的种类根据覆盖材料的种类确定，如沥青瓦屋面、块瓦屋面、波形瓦屋面、金属板屋面等。坡屋顶细部构造包括防水垫层、屋脊、檐口、天沟、山墙、女儿墙及穿出屋面管道等部位的细部处理。

5）在寒冷地区或有空调要求的建筑中，屋顶应做保温处理。保温材料多为轻质多孔材料，一般有松散材料、整体材料和板块材料三种类型。平屋顶根据保温层在屋顶中的具体位置，有正铺做法和倒铺做法两种处理方式。在气候炎热地区，屋顶应采取隔热降温措施。平屋顶的隔热措施通常有蓄水隔热、绿化植被隔热、反射隔热和采用"气泡"屋面等；坡屋顶的隔热措施主要是采用通风屋顶。

思考与练习

一、选择题

1. 平屋顶的排水坡度通常为（　　）。
   A. 2%~3%　　　B. 5%　　　C. 10%　　　D. 30%
2. 屋顶设计最核心的要求是（　　）。
   A. 美观　　　B. 承重　　　C. 防水　　　D. 保温、隔热
3. 一般来说，高层建筑屋面宜采用（　　）。
   A. 内排水　　　B. 外排水　　　C. 女儿墙外排水　　　D. 挑檐沟外排水
4. 卷材防水屋面也称为（　　）。
   A. 自防水屋面　　　　　　B. 柔性防水屋面
   C. 刚性防水屋面　　　　　D. 涂膜防水屋面
5. 平屋顶的坡度小于3%时，卷材宜沿着（　　）屋脊方向铺设。
   A. 平行于　　　B. 垂直于　　　C. 30°　　　D. 45°
6. 坡屋顶是指屋面排水坡度大于（　　）的屋顶。
   A. 3%　　　B. 10%　　　C. 15%　　　D. 20%

二、填空题

1. 平屋顶的排水方式分为_____和_____两种。
2. 屋顶排水坡度的形成，有_____和_____两种方式。

3. 平屋顶常用的外排水方式有_____和_____。

三、简答思考题

1. 屋顶外形有哪些形式？
2. 屋顶由哪几部分组成？其作用分别是什么？
3. 屋顶坡度是如何形成的？屋顶的排水方式有哪几种？
4. 平屋顶的隔热降温措施有哪些？
5. 坡屋顶的保温与隔热措施有哪些？

单元 7

建筑围护与装饰结构体系——门窗

【学习目标】

◇ 熟悉门窗的作用、类型和组成。
◇ 掌握平开木门、窗的构造和安装内容。
◇ 熟悉铝合金、塑钢门窗的选型和连接构造。
◇ 了解建筑中遮阳的作用与形式。

门窗属于建筑围护与装饰结构体系,是建筑围护结构系统中重要的组成部分,根据不同的设计要求具有保温、隔热、隔声、防水、防火等功能。寒冷地区由门窗缝隙损失的热量,可占到建筑全部采暖热量的 25% 左右,因此门窗的密闭性要求是建筑节能设计中的重要内容。门窗又是建筑造型的重要组成部分(虚实对比、韵律艺术效果),所以它们的形状、尺寸、比例、排列、色彩、造型等对建筑的整体造型有很大的影响。

7.1 初识门窗

门窗是建筑物的重要组成部分,门在建筑中的作用主要是交通联系,并兼有采光、通风的作用;窗在建筑物中主要是采光兼有通风的作用。它们均属于建筑的围护构件。同时,门窗的形状、尺寸、排列组合以及所用材料对建筑的整体造型和立面效果影响很大。在构造上,门窗还应具有一定的保温、隔声、防雨、防火、防风沙等能力,并且要开启灵活、关闭紧密、坚固耐久、便于擦洗,并符合《建筑模数协调标准》(GB/T 50002—2013)的要求,以降低成本和适应建筑工业化生产的需要。在实际工程中,门窗的制作生产已具有标准化、规格化和商品化的特点,有标准图集供设计人员选用。

7.1.1 门窗的类型

1. 门的类型、特点及应用

(1)类型

1)门按开启方式分为平开门、弹簧门、推拉门、折叠门、旋转门、卷帘门等,如图 7-1 所示。

2)门按使用材料分为木门、钢门、铝合金门、塑钢门、塑料门、玻璃钢门等。

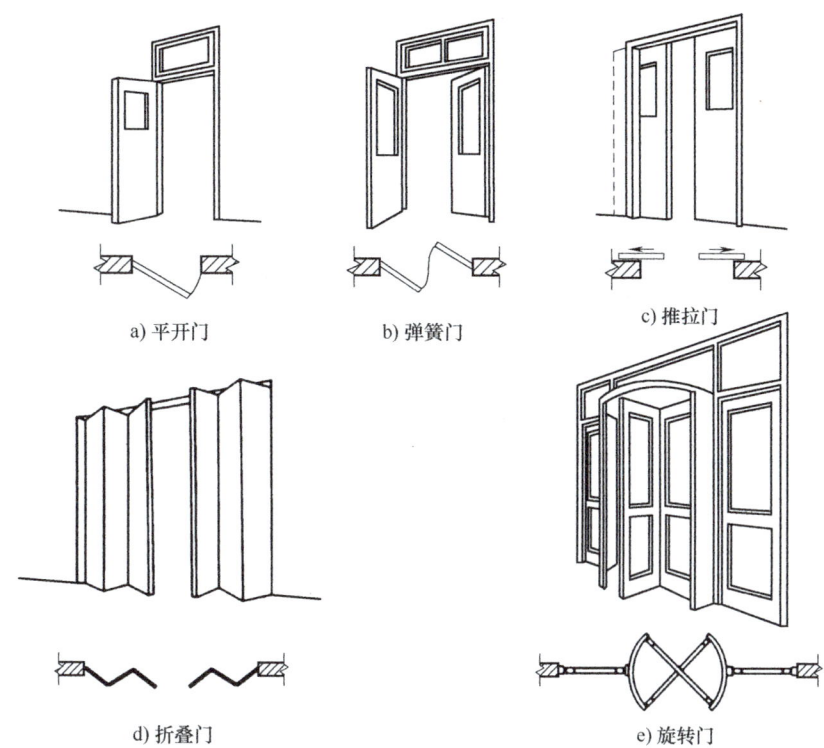

图 7-1 门的开启方式

3) 门按形式和制造工艺分为镶板门、纱门、实拼门、夹板门等。

4) 门按用途分为外门、内门、防火门、隔声门、保温门、防盗门、密封门、检修门等。

(2) 特点及应用

1) 平开门。平开门是水平开启的门，它的铰链装于门扇的一侧与门框相连，使门扇围绕铰链轴转动。平开门的门扇有单扇、双扇和内开、外开之分。平开门的特点是构造简单、开启灵活、制作简便、易于维修，因而使用广泛。

2) 弹簧门。弹簧门的开启方式与普通平开门相同，所不同的是用弹簧铰链代替了普通铰链，特点是可以借助弹簧的力量使门扇能向内、向外开启并经常保持关闭。弹簧门广泛用于商店、学校、医院、办公楼、商业区等建筑；不适用于幼儿园、中小学的出入口，并不得作为防火门。

3) 推拉门。推拉门的门扇安装在上下方的轨道中，可左右推拉滑行进行开关。推拉门有单扇和双扇之分。推拉门的特点是不占空间、受力合理、不易变形；但在关闭时密封不严，构造较复杂。

4) 折叠门。折叠门一般分为侧挂式和推拉式两种形式，由多个门扇构成，每个门扇的宽度为 500～1000mm，一般以 600mm 为宜，适用于宽度较大的洞口。折叠门的特点是占用空间少，构造较复杂，一般用作商业建筑的门，或在公共建筑中作灵活分隔空间用。

5) 旋转门。旋转门由两个固定的弧形门套和垂直旋转的门扇构成，门扇可分为三扇或四扇，绕竖轴旋转。旋转门可作为寒冷地区建筑、空调建筑、人流量不是很多的公共建筑

（如银行、写字楼、酒店等）的外门；但不能作为疏散门，当设置疏散口的时候，一般在旋转门的两旁另设平开门。

6) 卷帘门。卷帘门多用于商店橱窗或商店出入口外侧的封闭门，特点是开启时不占用室内外空间，构造复杂、造价高，一般适用于商业建筑的外门和厂房大门。

2. 窗的类型、特点及应用

(1) 类型　窗按开启方式分类如图7-2所示。

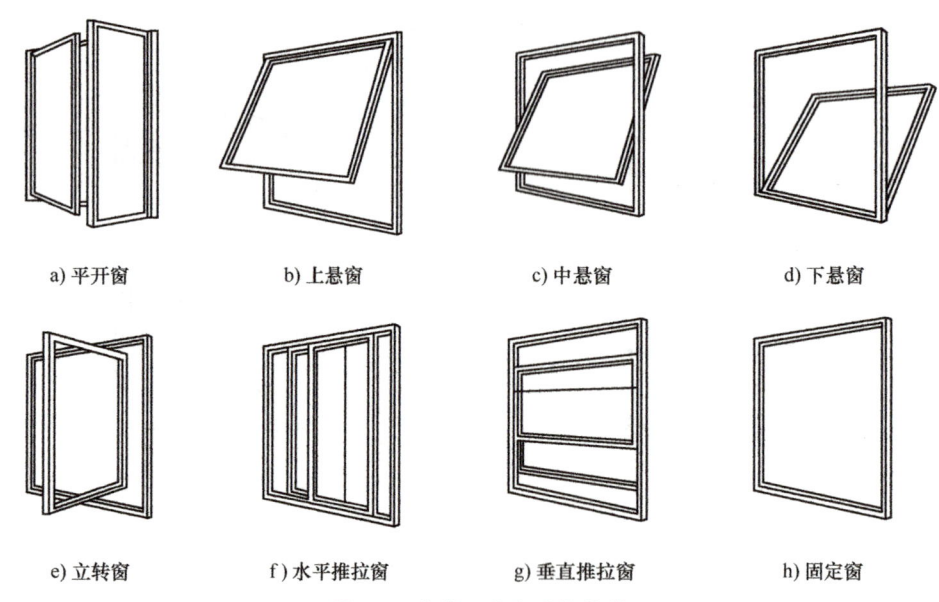

图 7-2　窗按开启方式的分类

(2) 特点及应用

1) 平开窗。平开窗的窗扇用铰链与窗框侧边相连，可向外或向内水平开启，有单扇、双扇、多扇之分。平开窗的特点是构造简单、开启灵活、制作维修方便，因而使用广泛。

2) 悬窗。悬窗根据铰链和转轴的位置不同，可分为上悬窗、中悬窗和下悬窗，其中上悬窗向外开，防雨效果好；中悬窗对挡雨、通风均有利；下悬窗向内开，通风效果好，但不防雨。

3) 立转窗。立转窗是在窗扇上下两边设垂直转轴，转轴可设在中部或偏左一侧，开启时窗扇绕转轴垂直旋转。

4) 推拉窗。推拉窗分垂直推拉窗和水平推拉窗两种形式，窗扇沿横向或竖向导轨或滑槽推拉，开启时不占空间。水平推拉窗不能全部开启，垂直推拉窗需设置升降制约措施。

5) 固定窗。固定窗无窗扇，将玻璃直接安装在窗框上，不能开启，只供采光和眺望用，多用于门的亮子窗或与可开启窗配合使用，密闭性较好。

7.1.2　门窗的尺寸

1. 门的尺寸

门的尺寸可根据交通、运输及疏散要求来确定。一般情况下，门的宽度为800~1000mm（单扇）、1200~1800mm（双扇）。门的高度一般不宜小于2100mm，有亮子时可适当增高

300~600mm。对于大型公共建筑，门的尺寸可根据需要另行确定。

2. 窗的尺寸

窗的尺寸应根据采光、通风与日照的需要来确定，同时兼顾建筑造型和《建筑模数协调标准》（GB/T 50002—2013）等的要求。为确保窗坚固、耐久，应限制窗扇的尺寸，一般平开窗的窗扇高度为 800~1200mm，宽度不大于 500mm；上、下悬窗的窗扇高度为 300~600mm；中悬窗的窗扇高度不大于 1200mm，宽度不大于 1000mm；推拉窗的窗扇高宽不宜大于 1500mm。各地均有窗的通用设计图集，可根据具体情况直接选用。

【学习检测】

1. 注意观察身边的建筑物，根据身边的实例说明门窗的类型。
2. 举例说明不同类型的门窗在不同场合的应用。

7.2 门窗的构造

7.2.1 门的构造

1. 平开木门的组成

平开木门主要由门框、门扇、亮子、五金配件及附件等组成，如图 7-3 所示。门扇按其构造方式不同，有镶板门、夹板门、拼板门、玻璃门和纱门等类型；亮子又称腰头窗，在门框的上方，有辅助采光和通风之用，有平开、固定及上悬、中悬、下悬等形式。门框是门扇、亮子与墙的连接构件。五金配件一般有铰链、插销、门锁、拉手、定门器等，附件有贴脸板、筒子板等。

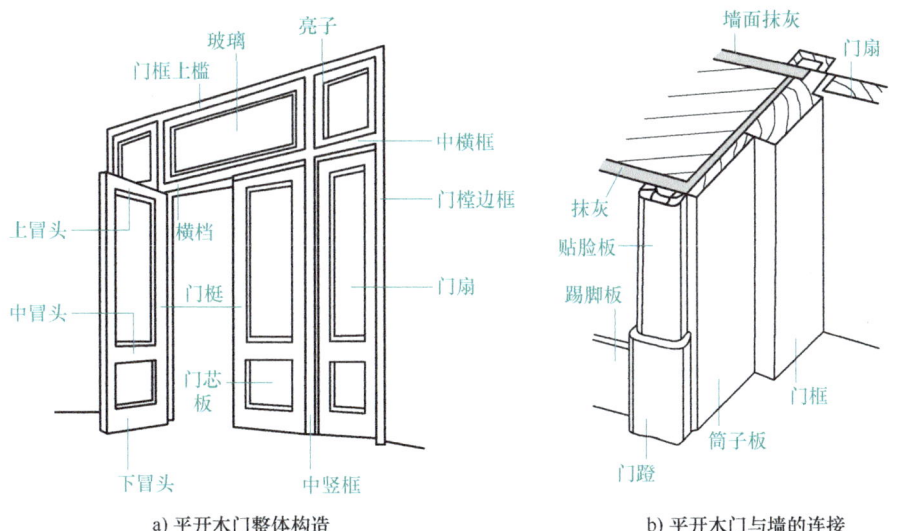

a) 平开木门整体构造   b) 平开木门与墙的连接

图 7-3 平开木门的组成

2. 门框

门框一般由两根竖直的边框和门框上槛组成。当门带有亮子时，还有中横框，多扇门还有中竖框。

(1) 门框断面　门框的断面形式与门的类型、层数有关，门框类型应利于门的安装，并应具有一定的密闭性。门框的断面形式与尺寸如图 7-4 所示。

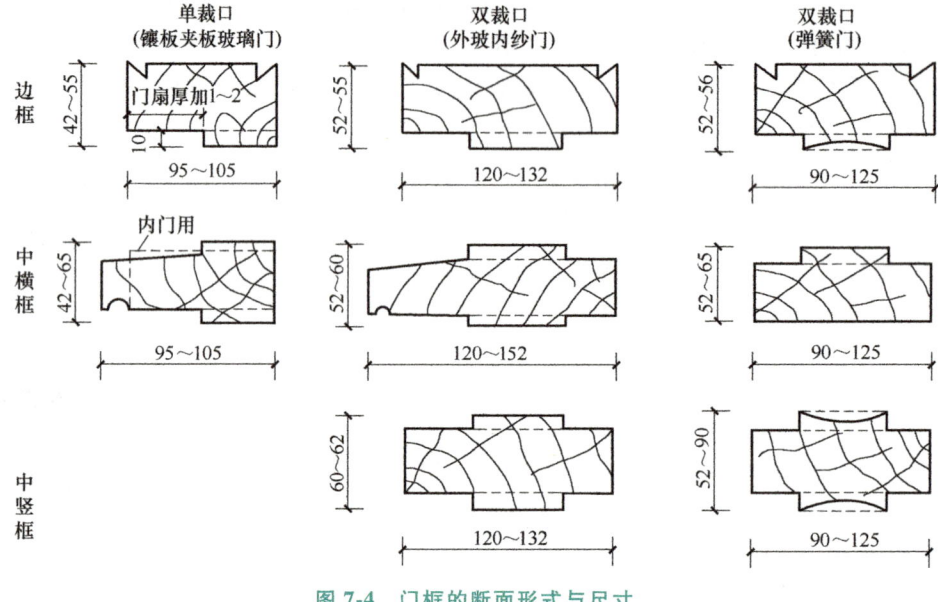

图 7-4　门框的断面形式与尺寸

(2) 门框的安装方法　门框的安装分塞口和立口两种方法。

1) 塞口法：在墙砌好后再安装门框，如图 7-5a 所示。采用塞口法施工时，洞口的高、宽尺寸应比门框尺寸大 10～30mm。

2) 立口法：在砌墙前就用支承件先立门框，然后砌墙，框与墙结合紧密；但是立樘与砌墙工序交叉，施工不便，如图 7-5b 所示。

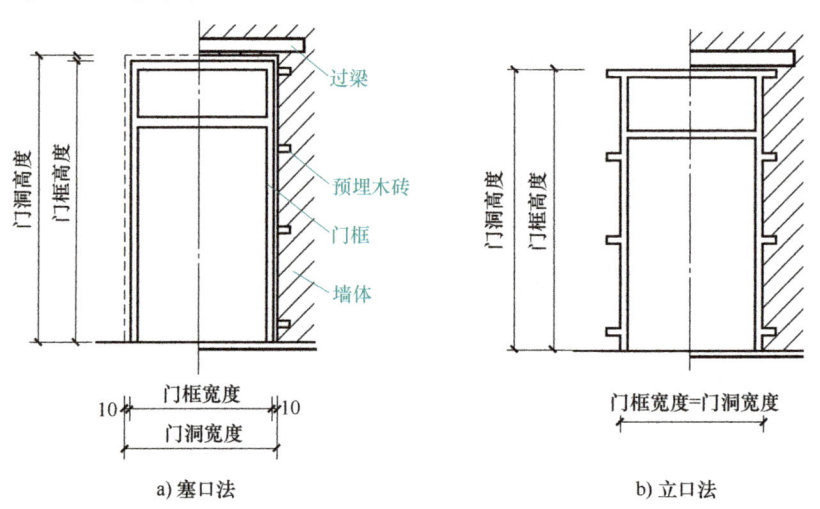

a) 塞口法　　　　　　b) 立口法

图 7-5　门框的安装方法

(3) 门框在墙中的位置　门框可在墙的中间或与墙的一边平齐，一般多与开启方向一侧平齐，应尽可能使门扇开启时贴近墙面。门框位置、门贴脸板及筒子板如图 7-6 所示。

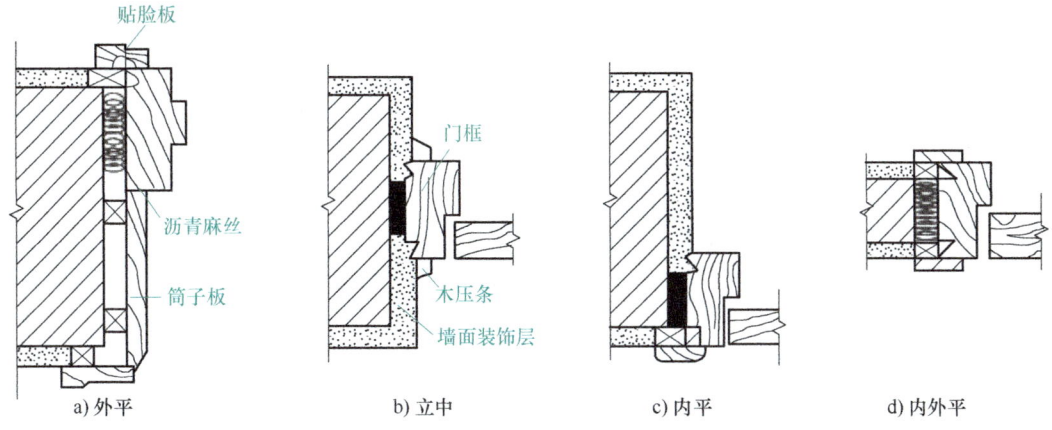

图 7-6 门框位置、门贴脸板及筒子板

3. 门扇

常用的木门门扇有镶板门（包括玻璃门、纱门）、夹板门和拼板门。

（1）镶板门 镶板门的应用十分广泛，门扇由骨架和门芯板组成。骨架一般由上冒头、中冒头、下冒头及门梃组成；在骨架内镶门芯板，门芯板常用 10~15mm 厚的木板、胶合板、硬质纤维板及塑料板制作，有时门芯板可部分或全部采用玻璃、百叶窗或金属网。镶板门构造如图 7-7 所示。

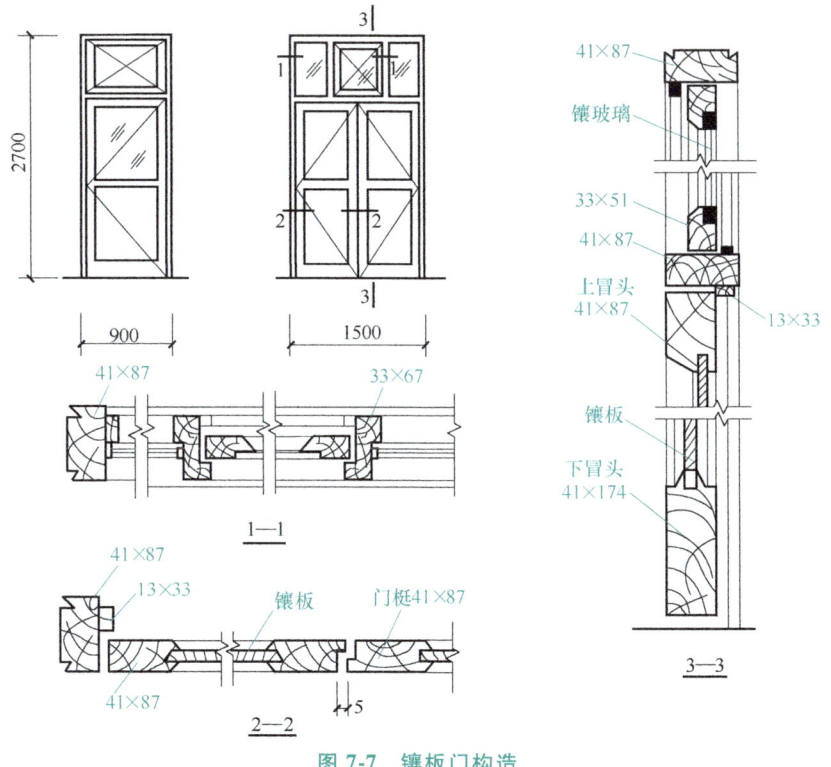

图 7-7 镶板门构造

（2）夹板门 夹板门也称为贴板门或胶合板门，是用断面较小的木方做成骨架，两面粘贴面板而成。夹板门根据功能需要，可以局部加装玻璃或百叶窗（图 7-8），安装门锁处需加装宽木条。夹板门的优点是用料少、自重轻、外形简洁美观、便于工业化生产，常用于建筑内门，在民用建筑中应用广泛。夹板门的门扇面板可用胶合板、塑料面板或硬质纤维板，面板和骨架形成一个整体，共同抵抗变形。

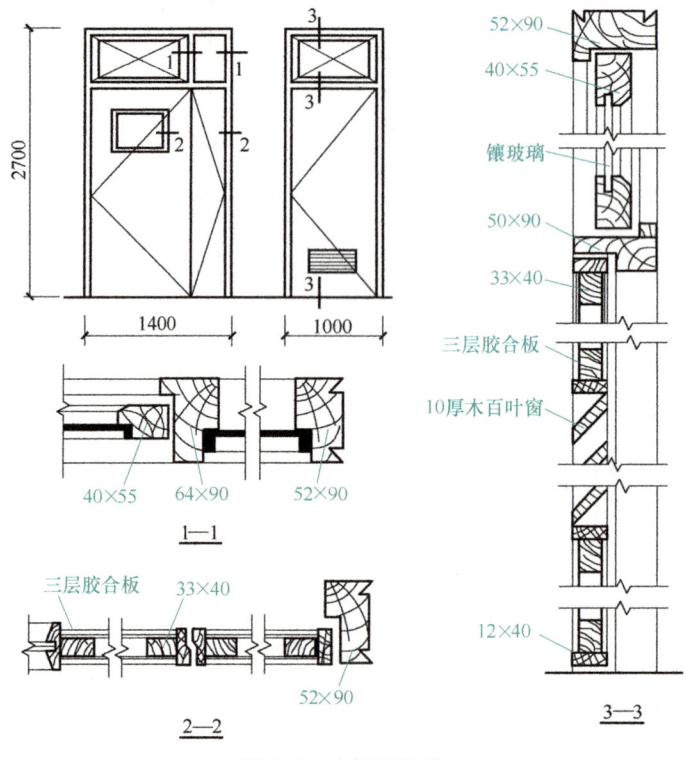

图 7-8 夹板门构造

（3）拼板门 拼板门的门扇由骨架和条板组成（图 7-9），一般分为单面直拼门、单面横拼门和双面保温拼板门三种形式。

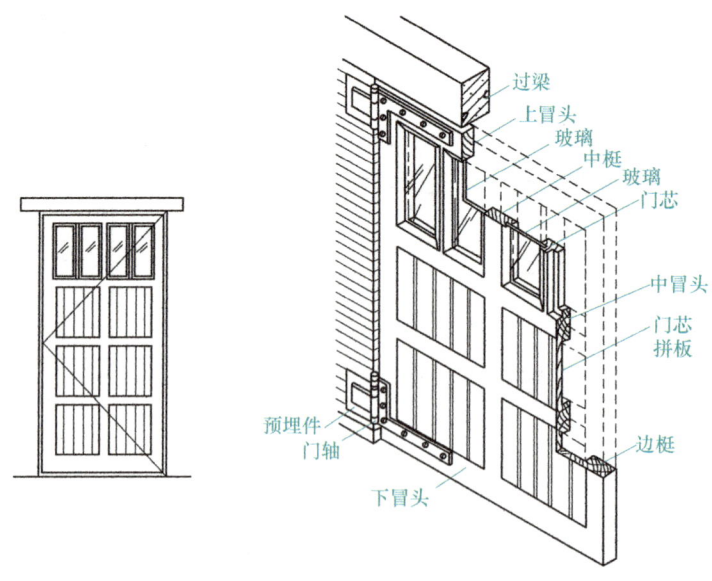

图 7-9 拼板门构造

7.2.2 窗的构造

1. 窗的组成及构造

（1）组成　窗主要由窗框、窗扇、玻璃和五金配件等组成。其中，窗扇有玻璃窗扇、纱窗扇和百叶窗等；五金配件有各种铰链、风钩、插销、拉手及导轨、转轴、滑轮等，有时会加设窗台板、贴脸、窗帘盒等。窗的组成如图 7-10 所示。

（2）窗框的构造

1）窗框的断面形式与尺寸（图 7-11）。窗框的断面形式与窗的类型有关，应利于窗的安装，并应具有一定的密闭性。

2）窗框的安装。窗框的安装方法与门框基本相同。窗框与墙体之间的缝隙应用砂浆或油膏填实，以满足防风、挡雨、保温、隔声等要求。

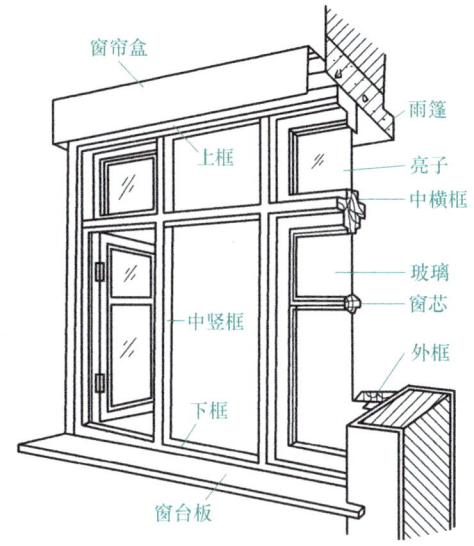

图 7-10　窗的组成

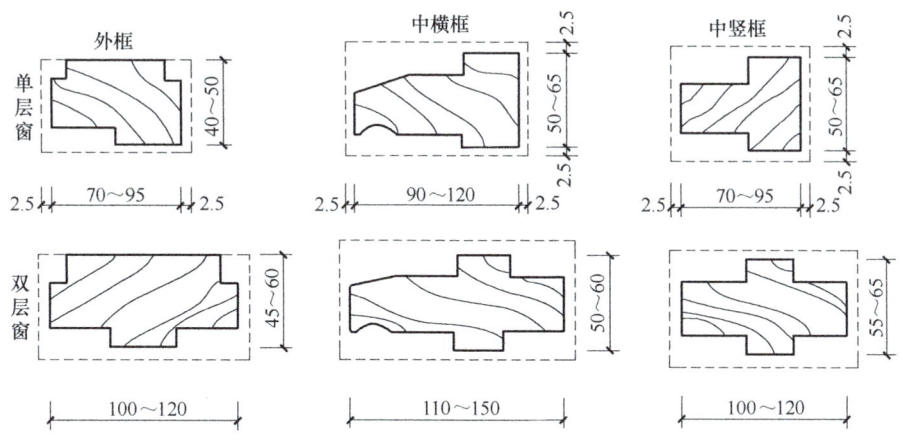

图 7-11　窗框的断面形式与尺寸

（3）窗扇的构造　平开窗常见的窗扇构造有玻璃窗扇、纱窗扇和百叶窗等，其中玻璃窗扇最普遍。一般平开窗的窗扇高度为 600~1200mm，宽度不宜大于 600mm；推拉窗的窗扇高度不宜大于 1500mm。窗扇由上、下冒头和边梃组成，为减小玻璃尺寸，窗扇上常设窗芯分格，如图 7-12 所示。

2. 铝合金窗

（1）铝合金窗的类型　常见的铝合金窗的类型有推拉窗、平开窗、固定窗、悬挂窗、百叶窗等。各种类型的铝合金窗都是以不同断面型号的铝合金型材和配套的零件及密封件加工制成的。

（2）铝合金窗构造

1）推拉窗。铝合金推拉窗有沿水平方向左右推拉的水平推拉窗和沿竖直方向上下推拉的垂直推拉窗，常采用水平推拉窗。铝合金推拉窗常用的铝合金型材有 55 系列、60 系列、70 系列、90 系列等，其中 70 系列是目前广泛采用的铝合金型材；窗扇一般采用两组带轴承的工程塑料滑轮，可减轻推拉噪声，使窗扇受力均匀、开关灵活。70 系列铝合金推拉窗如图 7-13 所示。

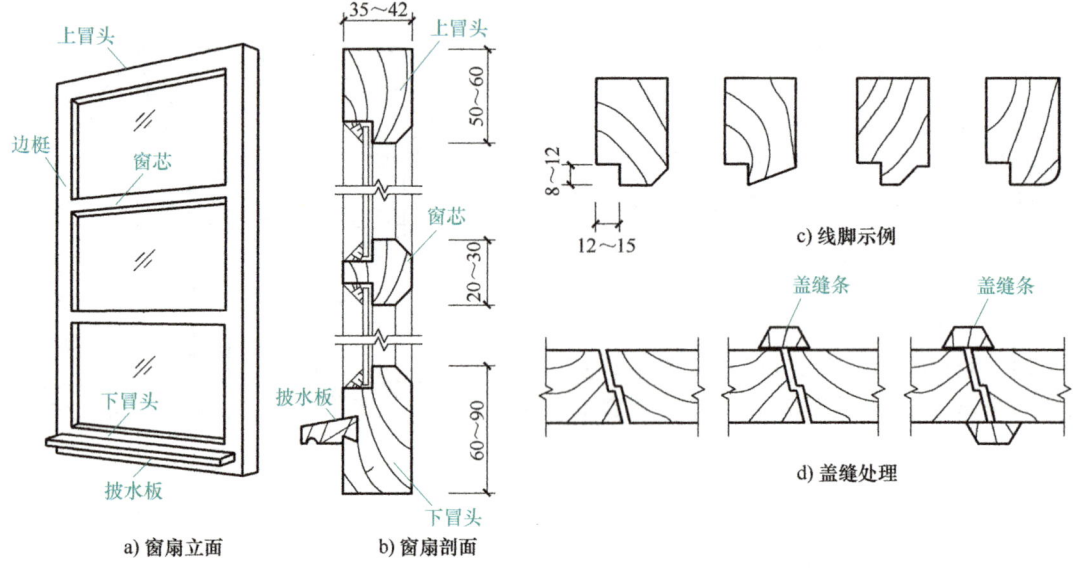

图 7-12 窗扇的构造处理

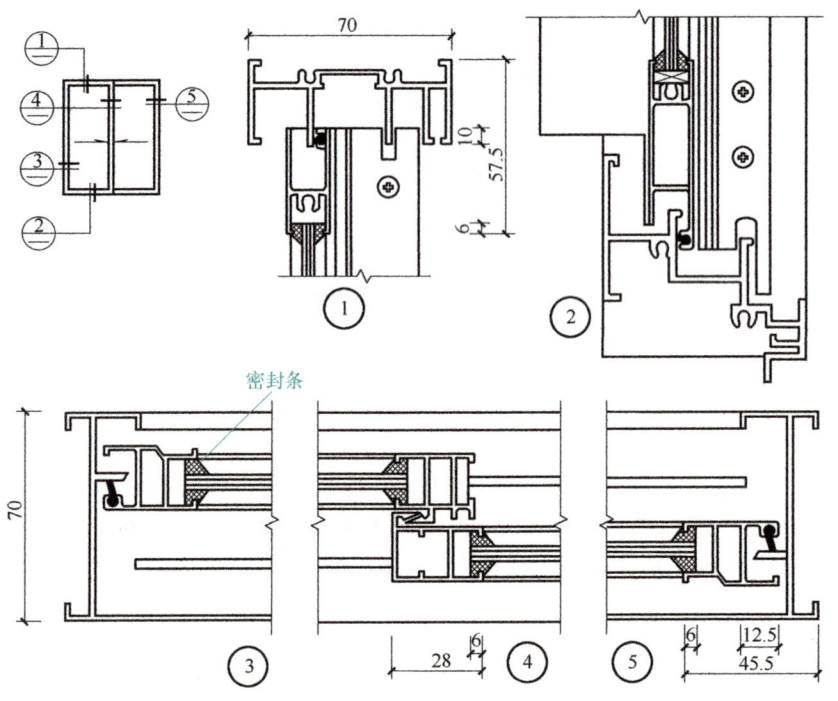

图 7-13 70 系列铝合金推拉窗

2)平开窗。铝合金平开窗的铰链装于窗侧面。铝合金平开窗的玻璃镶嵌形式可采用干式装配、湿式装配或混合装配。其中,干式装配是指采用密封条嵌入玻璃与槽壁的空隙将玻璃固定;湿式装配是在玻璃与槽壁的空腔内注入密封胶填缝,密封胶固化后将玻璃固定,并将缝隙密封起来;混合装配是指一侧空腔嵌密封条,另一侧空腔注入密封胶填缝密封固定,混合装配又分为从外侧安装玻璃和从内侧安装玻璃两种形式。

3. 塑钢窗

以改性硬聚氯乙烯为主要原料,加上一定比例的稳定剂、着色剂、填充剂、紫外线吸收剂等辅助剂,经挤出机挤出成型制成各种断面形状的中空异型材,经切割后在其内腔衬以型钢加强筋,用热熔焊机焊接成型为窗框扇,配装上橡胶密封条、压条、五金配件等附件制成的窗即为塑钢窗。

(1) 塑钢窗的特点 塑钢窗的特点有强度高、耐冲击;保温、隔热、节约能源;隔声效果好;气密性、水密性好;耐腐蚀性强;防火;耐老化、使用寿命长;外观精美、清洗容易等。

(2) 塑钢窗的常用开启方式 塑钢窗与铝合金窗相似,可采用平开、推拉、旋转等形式开启。

(3) 塑钢窗的连接构造 塑钢窗框与墙体的连接构造方式如图 7-14 所示,双层玻璃塑钢窗构造如图 7-15 所示。

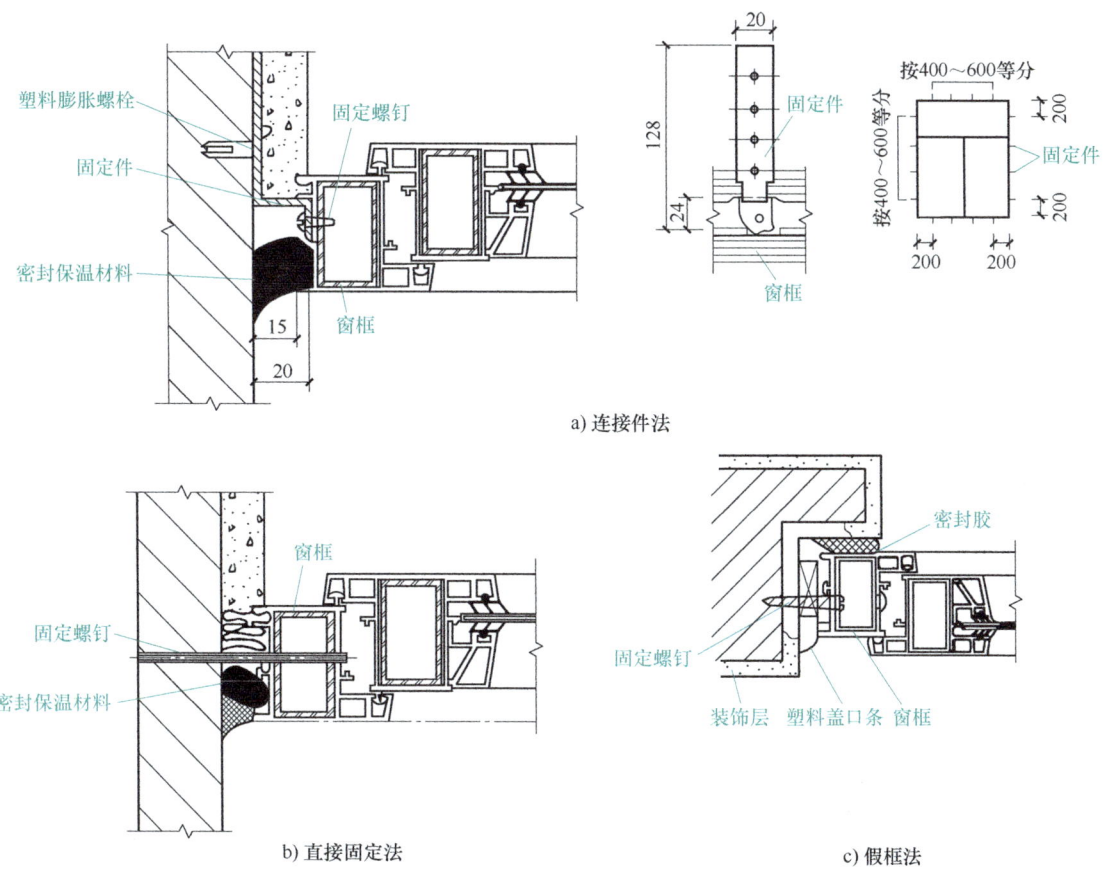

图 7-14 塑钢窗框与墙体的连接构造方式

4. 节能窗

窗是建筑保温的薄弱环节,我国寒冷地区住宅通过窗的传热和冷风渗透引起的热损失极大,因此窗节能是建筑节能的重点。窗的热损失一般有两个途径:一个途径是窗由于热传导、辐射以及对流造成的热损失;另一个途径是冷风通过窗的各种渗透造成的热损失,所以

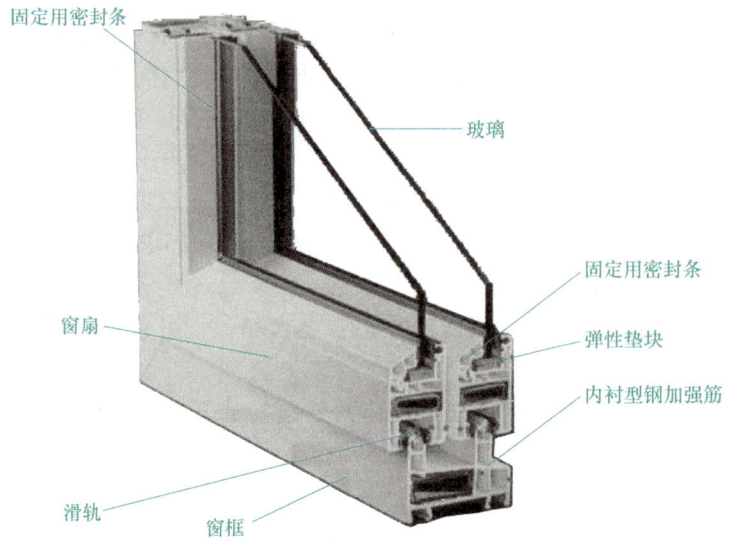

图 7-15 双层玻璃塑钢窗构造

窗节能应从以上两个方面采取构造措施。

（1）窗的构造措施

1）增强窗的保温性能。寒冷地区的外窗可以通过增加窗扇层数和玻璃层数来提高保温性能，还可以采用特种玻璃（如中空玻璃、吸热玻璃、反射玻璃等）来达到节能要求。

2）减少缝隙。窗缝隙是冷风渗透的根源，因此要想减少冷风渗透，可采用大窗扇，扩大单块玻璃面积以减少窗缝隙；合理减少可开启窗扇的面积，在满足夏季通风的条件下扩大固定窗扇的面积。

3）采用密封和密闭措施。框和墙之间的缝隙可用弹性材料、聚乙烯泡沫、密封膏等进行密封。框与扇之间可用橡胶条、橡塑条、泡沫密封条等材料密闭，也可以采用高低缝等构造措施密闭。扇与扇之间可用密封条、缝外压条等材料密闭，也可以采用高低缝等构造措施密闭。窗扇与玻璃之间的密封可用密封膏、各种弹性压条等材料来实现。

4）减少窗口面积。在满足室内采光和通风的前提下，我国寒冷地区的外窗尽量缩小窗口面积，以达到节能要求。

（2）节能窗的主要节能技术

1）全周边高性能密封技术。

2）高性能中空玻璃和经济型双玻璃结构体系。

3）复合型窗专用材料。

4）窗型保温隔热技术。

【学习检测】

1. 观察身边建筑物，举例说明门窗的类型。
2. 结合身边建筑门窗的实例，说明采取了哪些门窗节能具体措施。

7.3 遮阳设施

7.3.1 遮阳的作用及措施

1. 遮阳的作用

遮阳的作用是防止直射阳光照入室内以减少太阳辐射热或产生眩光,避免夏季室内过热以节省空调能耗,保护室内物品不受阳光照射等。

2. 遮阳的措施

遮阳的措施有绿化遮阳,调整建筑物的构(配)件来遮阳,在窗洞口周围设置专门的遮阳设施来遮阳。其中,遮阳设施有活动遮阳板和固定遮阳板两种类型。如图 7-16 所示为活动遮阳板的形式。

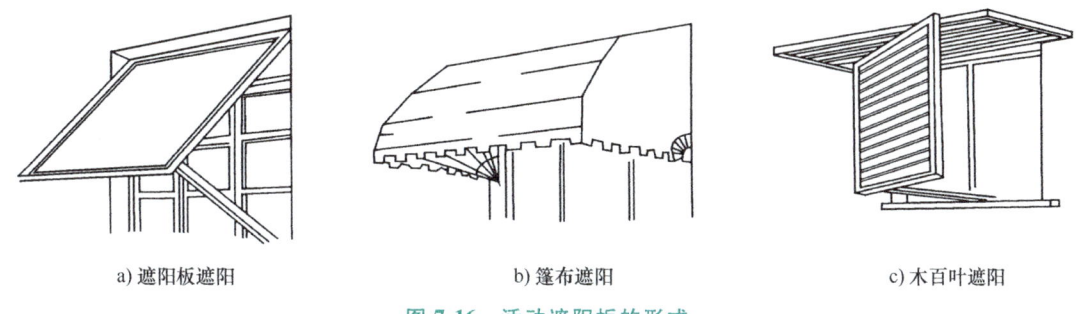

a) 遮阳板遮阳　　　　b) 篷布遮阳　　　　c) 木百叶遮阳

图 7-16　活动遮阳板的形式

7.3.2 固定遮阳板

固定遮阳板的基本形式有水平式、垂直式、综合式和挡板式,如图 7-17 所示。

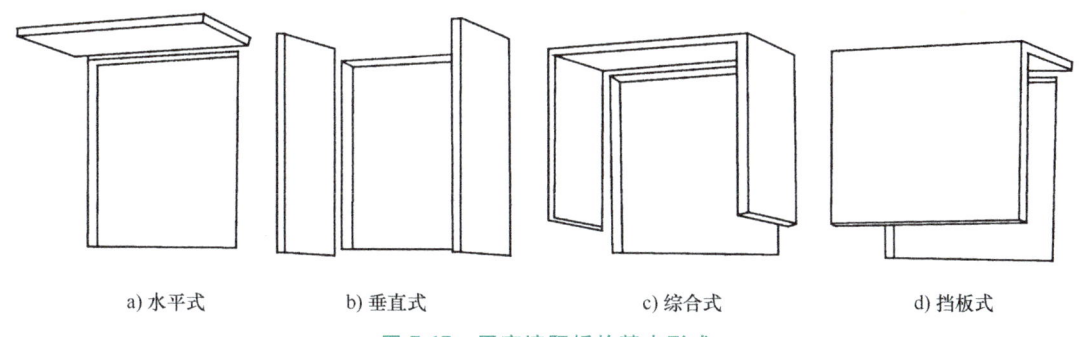

a) 水平式　　　b) 垂直式　　　c) 综合式　　　d) 挡板式

图 7-17　固定遮阳板的基本形式

1. 水平式遮阳板

水平式遮阳板用于遮挡太阳高度角较大时从窗口上方照射下来的阳光,构造措施是在窗口上方设置一定宽度的水平方向的遮阳板。遮阳板可为实心板、格栅板或百叶板。较高大的窗口可在不同高度设置双层或多层水平遮阳板,能较好地遮挡太阳高度角较大时从窗口上方照射下来的阳光。水平式遮阳板主要适用于南向及其附近朝向的窗,或北回归线以南低纬度地区北向及其附近的窗。

2. 垂直式遮阳板

垂直式遮阳板主要用于遮挡太阳高度角较小时从窗口侧面射来的阳光，构造措施是在窗口两侧设置垂直方向的遮阳板，既可垂直于墙面，也可与墙面形成一定的夹角，这样就可以遮挡太阳高度角较小时从窗口两侧斜射过来的阳光。垂直式遮阳板主要适用于南偏东、南偏西及其附近朝向的窗。

3. 综合式遮阳板

综合式遮阳板是水平式和垂直式遮阳板的综合应用，能遮挡从窗口两侧及前上方射来的阳光，遮阳效果比较均匀，主要适用于南、东南、西南及其附近朝向的窗。

4. 挡板式遮阳板

挡板式遮阳板主要用于遮挡太阳高度角较小时从窗口正面射来的阳光，主要适用于东、西及其附近朝向的窗。其构造措施是在窗口前方离开窗口一定距离处设置与窗口平行方向的垂直挡板，为有利于通风，避免遮挡视线和风，可用格栅式或百叶式等形式。

7.3.3 遮阳形式的演变

在实际工程中，遮阳可由基本形式演变出造型丰富的其他形式，例如为了避免单层水平式遮阳板的出挑尺寸过大，可将水平式遮阳板重复设置成双层或多层，如图7-18a、b所示；当窗间墙较窄时，可将综合式遮阳板连续设置，如图7-18c所示；挡板式遮阳板可结合建筑立面进行综合处理，或连续或间断，如图7-18d所示。

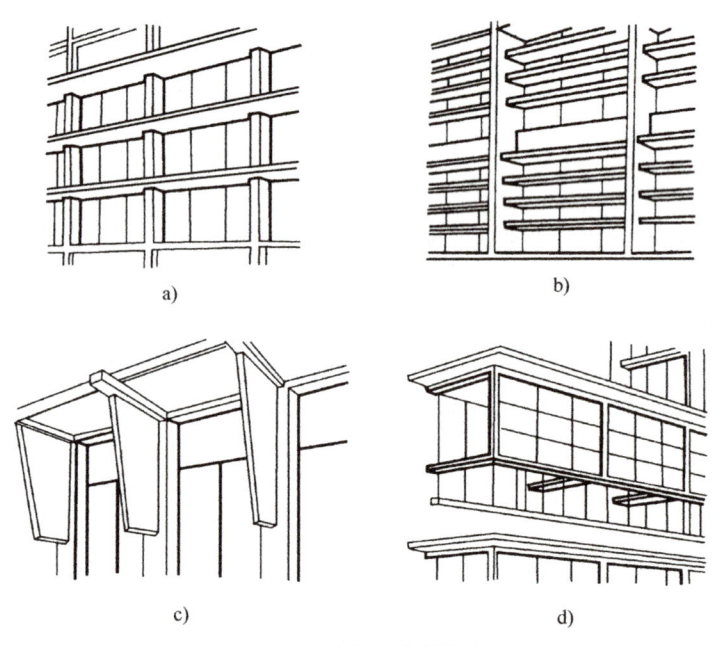

图7-18 遮阳形式的演变

【学习检测】

1. 观察身边的建筑物，举例说明建筑物的遮阳措施。
2. 身边的建筑物没有遮阳措施的，根据建筑物具体情况试着设计一个遮阳措施。

7.4 门窗识图训练

1) 如图 7-19 所示,通过所学知识识读图中的各种门窗类别,并画出图中门窗的开启方向(试着识别其中的驳接式幕墙并标注出来)。

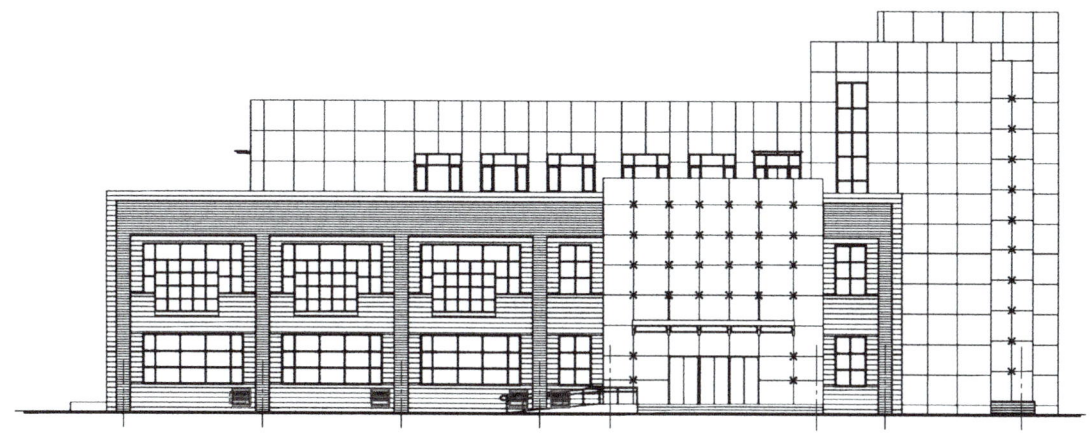

图 7-19 活动中心立面图(一)

2) 请列举图 7-20 所示折叠门和旋转门的一般适用建筑类型,举一个身边的建筑样例。

图 7-20 折叠门和旋转门

3) 识读并指出图 7-21 所示建筑的朝向是南还是北,并说明理由。

图 7-21 活动中心立面图(二)

单元小结

1) 门窗属于建筑围护与装饰结构体系，是建筑围护结构系统中重要的组成部分。

2) 门按其开启方式通常有平开门、弹簧门、推拉门、折叠门、旋转门、卷帘门等。平开门是最常见的门。门洞的高、宽尺寸应符合《建筑模数协调标准》（GB/T 50002—2013）的规定。

3) 窗的开启方式有平开窗、固定窗、悬窗、推拉窗等。

4) 平开木门由门框、门扇、亮子、五金配件及附件等组成。常用的木门门扇有镶板门、夹板门和拼板门。

5) 本节内容详细介绍了常见门窗的组成与构造。

6) 遮阳的作用是防止直射阳光照入室内以减少太阳辐射热或产生眩光，避免夏季室内过热以节省空调能耗，保护室内物品不受阳光照射等。

遮阳的措施有绿化遮阳，调整建筑物的构（配）件来遮阳，在窗洞口周围设置专门的遮阳设施来遮阳。其中，遮阳设施有活动遮阳板和固定遮阳板两种类型。

思考与练习

一、填空题

1. 当门的宽度为 900mm 时，应采用＿＿＿＿＿扇门；当门的宽度为 1800mm 时，应采用＿＿＿＿＿扇门。
2. 固定遮阳板的基本形式有＿＿＿＿＿、＿＿＿＿＿、＿＿＿＿＿和＿＿＿＿＿。
3. 门窗框的安装方法有＿＿＿＿＿和＿＿＿＿＿。
4. 节能窗的构造措施有＿＿＿＿＿、＿＿＿＿＿、＿＿＿＿＿和＿＿＿＿＿。

二、简答题

平开木门、窗有哪些构造组成部分？门框、窗框是怎样安装的？

单元 8

变形缝体系

【学习目标】

◇ 理解变形缝的概念、作用。
◇ 了解伸缩缝的构造。
◇ 了解沉降缝的设置条件。
◇ 了解抗震缝的设置条件。
◇ 了解后浇带的作用。

8.1 变形缝的概念与作用

8.1.1 变形缝的概念

变形缝是指为了防止建筑物由于气温变化、地基不均匀沉降、地震等原因产生变形而预留的构造缝。

地基土质比较复杂、各部分土质软硬不匀、承载能力差别较大时，如果不采取正确的处理措施的话，就可能由于环境温度的变化、地基的不均匀沉降和地震作用等原因，造成建筑物从结构到装饰的各个部位发生不同程度的破坏，影响建筑物的正常使用，严重的还可能引起整个建筑物的倾斜、倒塌，造成彻底的破坏。为避免出现上述严重的后果，常采用的解决办法就是在建筑物的相应部位设置变形缝，如图 8-1 所示。

下列情况下应设置变形缝：建筑物的规模很大，尤其是平面尺寸很大时；建筑物的体型过于复杂，如建筑平面有较大的凸凹变化、立面有较大的高度尺寸差距时；建筑物各部分的结构类型不同，因而其质量和刚度也明显不同时。

8.1.2 变形缝的作用

变形缝就是把一个整体的建筑物从结构上断开，划分成两个或两个以上的独立的结构单元，两个独立的结构单元之间的缝隙就形成了建筑的变形缝。设置了变形缝之后，建筑物从结构的角度来看，其独立单元的平面尺寸变小了，复杂的结构体型变得简单了，不同类型的

 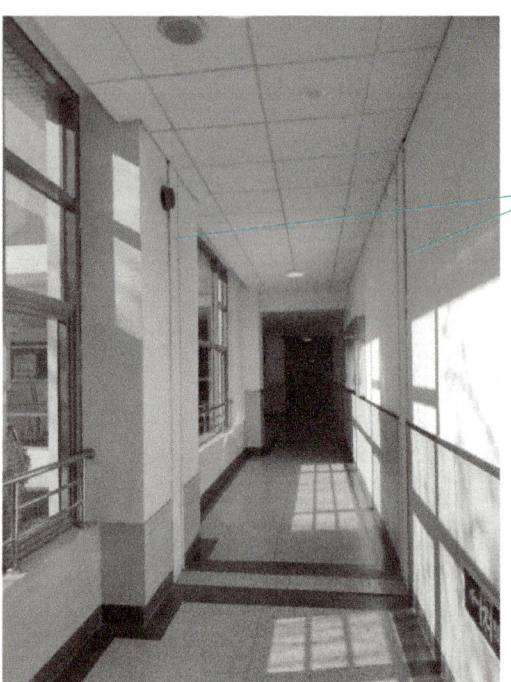

变形缝   变形缝

图 8-1 室内外变形缝外观图片

结构之间相对独立了，每个独立的结构单元下的地基土质的承载能力差距不大了。这样，当环境温度发生变化、地基发生不均匀沉降、发生地震等情形出现时，建筑物不能正常使用甚至结构遭到严重破坏等后果就可以避免了。这就是变形缝的作用，概括起来就是为了防止因温度变化、地基不均匀沉降及地震作用等引发建筑自身的水平承载体系、竖向承载体系和建筑围护与装饰结构体系受到破坏，而整体采取的体系性构造做法，是不可缺少的建筑构造措施。

8.1.3 变形缝的分类

根据变形缝设置原因的不同，一般将其分为三种类型，即伸缩缝、沉降缝、抗震缝。下面分三节分别对这三种变形缝进行介绍。

【学习检测】

1. 根据所学知识与现场观摩，阐述针对不同情况设置不同变形缝的理由。
2. 识读与绘制变形缝（参考但不限于图 8-2）。

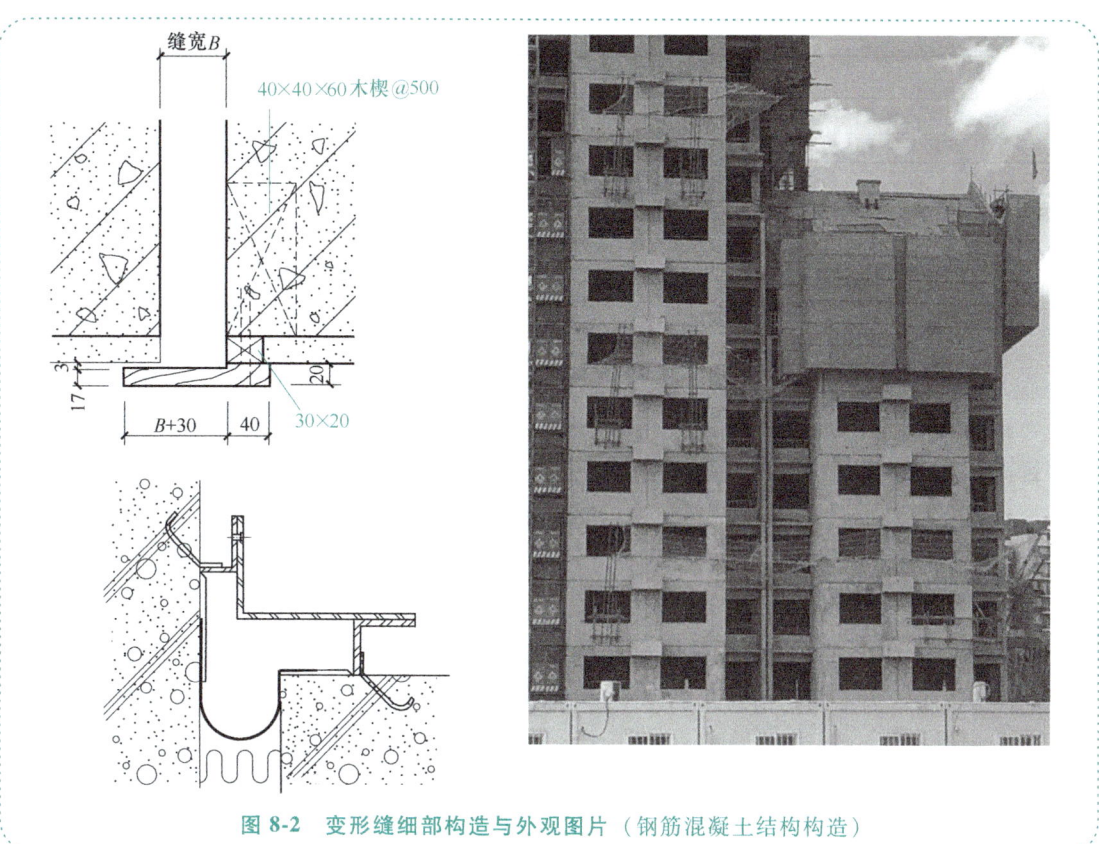

图 8-2　变形缝细部构造与外观图片（钢筋混凝土结构构造）

8.2　伸缩缝

8.2.1　伸缩缝的概念

各种材料都有热胀冷缩的性质，建筑材料也不例外。当一个建筑物所处的环境温度发生变化时，特别是当建筑物的规模和平面尺寸较大时，由于热胀冷缩引起的绝对变形量会非常大，此时由于各建筑构件之间的相互约束作用，会引起建筑结构产生附加应力，当这种附加应力值超过建筑结构材料的极限强度值时，建筑结构就会出现裂缝或更严重的破坏，如墙体或楼盖、屋盖开裂，建筑结构表面装饰层破裂，门窗洞口变形引起门窗开启受限制，屋顶防水层断裂、漏水等。为了避免上述现象的出现而设置的变形缝称为伸缩缝。表 8-1 为不同屋盖或楼盖形式下伸缩缝的最大间距，表 8-2 为混凝土结构伸缩缝最大间距。

表 8-1　不同屋盖或楼盖形式下伸缩缝的最大间距　　　　　　　　　　（单位：m）

屋盖或楼盖形式		伸缩缝的最大间距
整体式或装配整体式钢筋混凝土结构	有保温层或隔热层的屋盖、楼盖	50
	无保温层或隔热层的屋盖	40
装配式无檩体系钢筋混凝土结构	有保温层或隔热层的屋盖、楼盖	60
	无保温层或隔热层的屋盖	50

(续)

屋盖或楼盖形式		伸缩缝的最大间距
装配式有檩体系钢筋混凝土结构	有保温层或隔热层的屋盖	75
	无保温层或隔热层的屋盖	60
瓦材屋盖、木屋盖或楼盖、轻钢屋盖		100

表 8-2　混凝土结构伸缩缝最大间距　　　　　　　　　（单位：m）

结构类别		室内或土中	露天
排架结构	装配式	100	70
框架结构	装配式	75	50
	现浇式	55	35
剪力墙结构	装配式	65	40
	现浇式	45	30
挡土墙、地下室墙壁等结构	装配式	40	30
	现浇式	30	20

8.2.2　伸缩缝的构造

因为伸缩缝只是应对温度变化引发的变形，故伸缩缝构造是三种变形缝形式中最简单的。如图 8-3 所示为不同结构形式的伸缩缝构造。

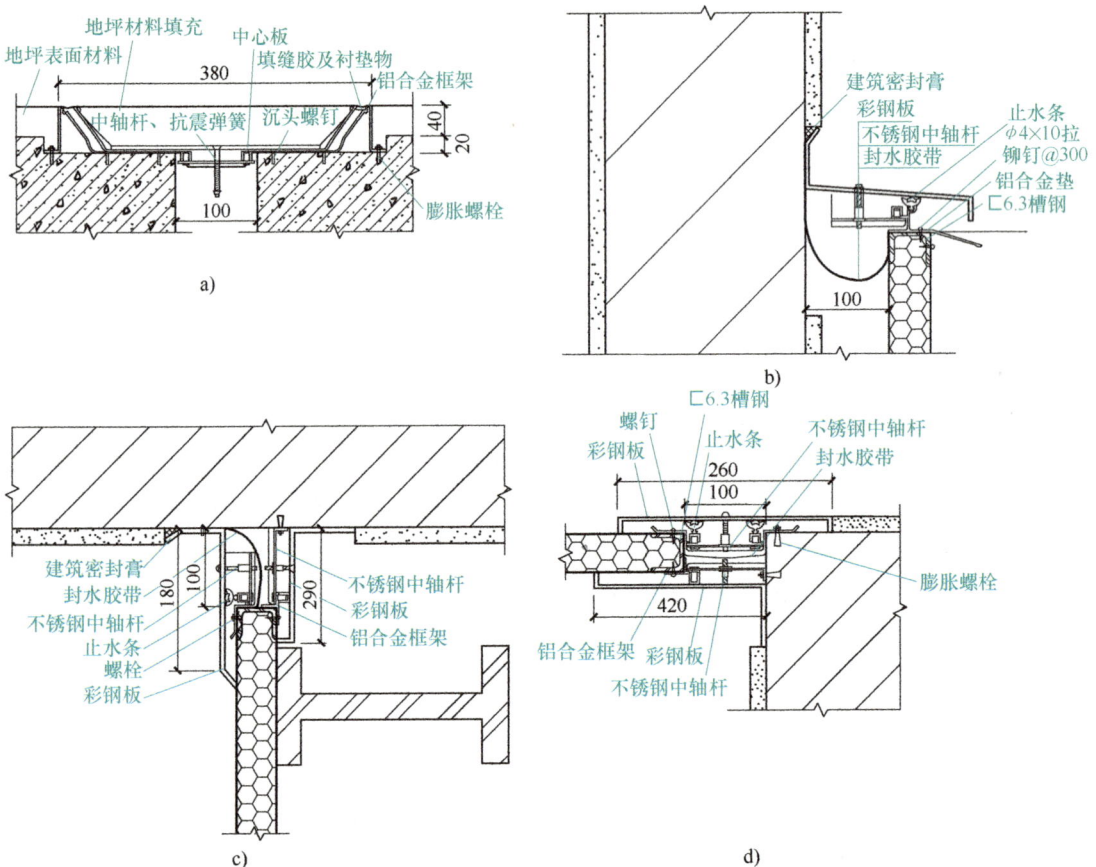

图 8-3　不同结构形式的伸缩缝构造（砖混结构伸缩缝构造）

【学习检测】

1. 结合所学知识阐述伸缩缝的性质。
2. 绘制伸缩缝的做法草图。
3. 识读不同结构形式伸缩缝的做法,理解伸缩缝等变形缝详图的比例。

8.3 沉降缝

8.3.1 沉降缝的概念

地基土层在受到外界压力(如建筑物的竖向荷载)时会产生压缩变形,当外界压力的大小差别较大或地基土层的硬度不均匀、承载能力差别较大时,就会造成地基土层的不均匀压缩,从而引起建筑物整体上的不均匀沉降,使建筑物的结构系统产生附加应力,致使某些薄弱部位发生破坏。沉降缝就是为了避免出现这种后果而设置的一种变形缝。凡是遇到下列情况时,均应考虑设置沉降缝:

1)当建筑物建造在不同地基上,且难以保证沉降均匀时。
2)当建筑物各相邻基础的形式、基础宽度以及埋置深度相差较大,造成基础底部压力有很大差异,易形成不均匀沉降时。
3)同一建筑物相邻部分的高度相差较大或荷载相差悬殊,或结构形式截然不同易导致不均匀沉降时(图8-4a)。
4)建筑物体型比较复杂,连接部位又比较薄弱时(图8-4b)。
5)新建建筑物与既有建筑物紧临时(图8-4c)。

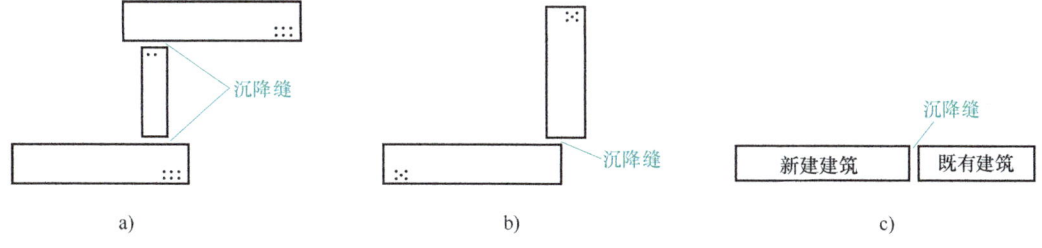

图 8-4 沉降缝设置部位示意图

8.3.2 沉降缝宽度要求

沉降缝宽度要求见表 8-3。

表 8-3 沉降缝宽度要求

地基性质	建筑物高度(H)或层数	沉降缝宽度/mm
一般地基	$H<5m$	30
	$H=5\sim10m$	50
	$H>10m$	70

(续)

地基性质	建筑物高度(H)或层数	沉降缝宽度/mm
软弱地基	2~3 层	50~80
	4~5 层	80~120
	≥6 层	>120
湿陷性黄土地基	—	≥30

注：沉降缝两侧结构单元层数不同时，其宽度应按高层部分的高度确定。

【学习检测】

结合所学知识阐述沉降缝的性质。

8.4 抗震缝

8.4.1 抗震缝的概念

在抗震设防地区，当建筑物体型比较复杂或建筑物各部分的结构刚度、高度以及竖向荷载相差较悬殊时，为了防止建筑物各部分在地震时由于整体刚度不同、变形差异过大而产生破坏，应在变形敏感部位设置变形缝，将建筑物分割成若干规整的结构单元，每个单元应力求体形规则、平面规整、结构体系单一，以防止在地震作用下建筑物各部分因相互挤压、拉伸而造成破坏，这种变形缝称为抗震缝。

8.4.2 抗震缝的设置条件

对于多层砌体房屋的结构体系来说，在抗震设防烈度为 8 度和 9 度且有下列情况之一时，宜设置抗震缝：

1）房屋立面高差在 6m 以上时。
2）房屋有错层，且楼板错开高差较大时。
3）各部分结构刚度、质量截然不同时。

8.4.3 三缝合一

为了发挥更好的效果，有很多建筑物对伸缩缝、沉降缝及抗震缝进行了综合考虑，将变形缝（伸缩缝、沉降缝及抗震缝）联合设置，即"三缝合一"。三缝合一是指缝宽按照抗震缝的宽度处理，基础按沉降缝断开，这样就可以实现变形缝的三缝合一，以便更好地保护建筑主体。

【学习检测】

总结知识要点，结合身边案例阐述抗震缝的意义与设置要求。

8.5 后浇带

1. 后浇带的概念

随着高层大跨度钢筋混凝土结构的快速发展,原有的变形缝做法随着施工周期和一些具体的工程需求演化出了后浇带的做法。后浇带是指为适应环境温度变化、混凝土收缩、结构不均匀沉降等因素影响,在梁、板(包括基础底板)、墙等结构中预留的具有一定宽度且经过一定时间后再浇筑的混凝土带。

2. 后浇带的作用

1)降低建筑的沉降差。

2)调节地基土压力,降低建筑的沉降量。

3)减少结构的温度收缩,防止混凝土出现温度收缩裂缝。

3. 温度后浇带与沉降后浇带的区别

1)作用不同。温度后浇带可以防止结构出现拉裂现象,能减少一定的结构附加压力;而沉降后浇带主要是解决高层建筑和裙房之间的沉降问题,降低温度应力产生的影响。

2)浇筑时间不同。温度后浇带在正常施工流程中就可以施工,沉降后浇带要等到主体结构施工完成以后才能施工。

图 8-5 为底板后浇带剖面示意图,图 8-6 为底板后浇带及止水带剖面详图。

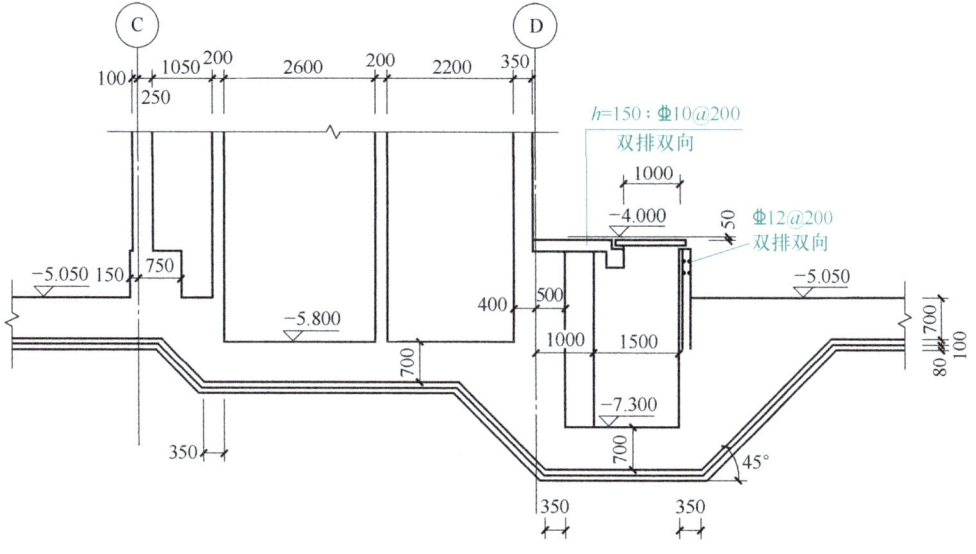

图 8-5 底板后浇带剖面示意图

【学习检测】

识读图 8-5、图 8-6,说明后浇带的用法。

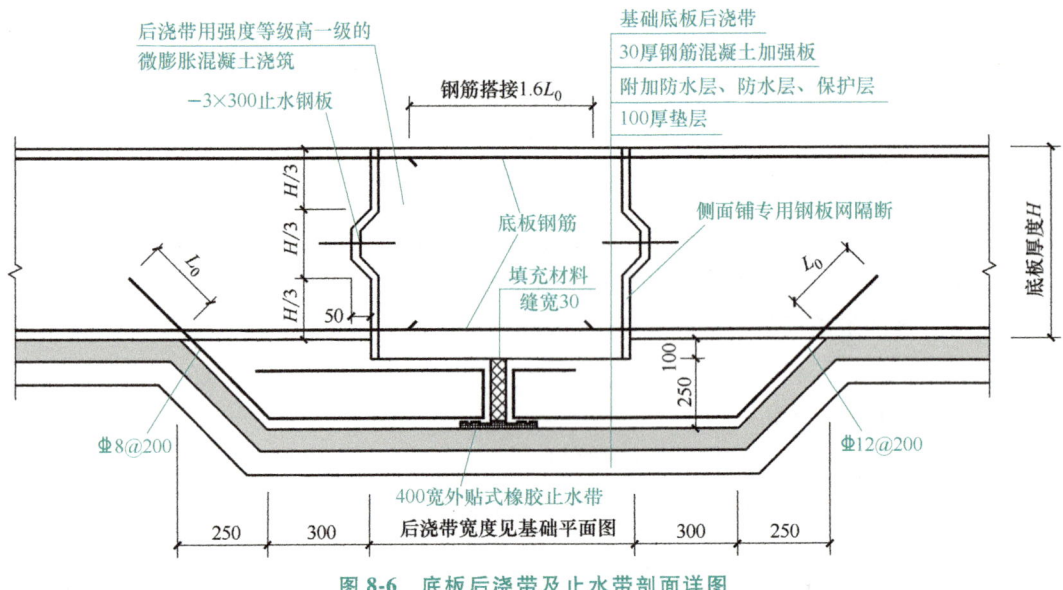

图 8-6 底板后浇带及止水带剖面详图

8.6 变形缝识图训练

1）识读图 8-7，理解止水变形缝侧墙构造。要求以现场工程师的视角理解建筑施工工艺的图示语言，以及施工安全注意事项。

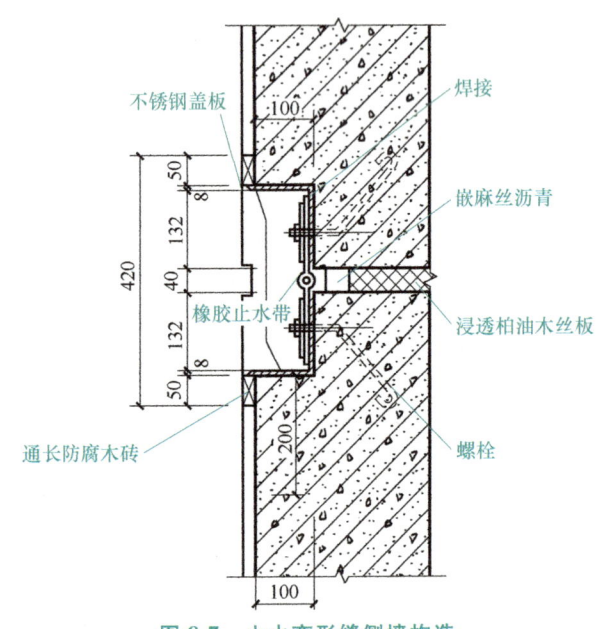

图 8-7 止水变形缝侧墙构造

2）识读图 8-8 所示变形缝实例，结合所学知识认真识图，指出哪个是沉降缝做法，哪个是伸缩缝做法。

3）识读图 8-9 所示地下室底板后浇带做法，请按照规范要求将细部构造的文字和数据

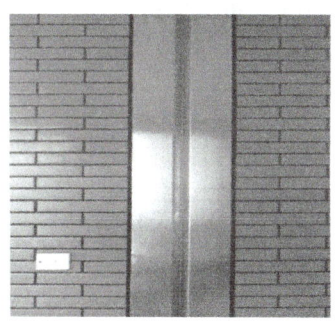 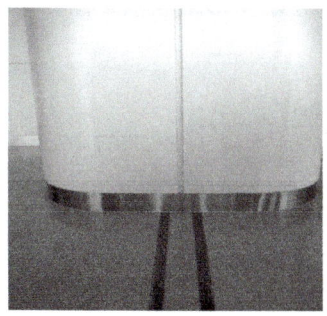 

图 8-8 变形缝实例

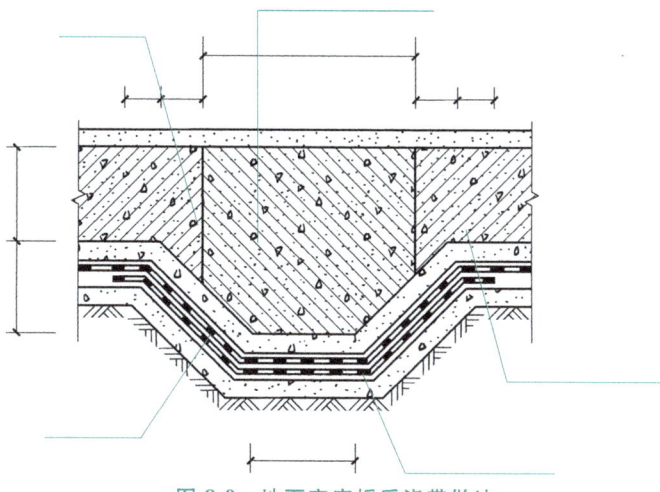

图 8-9 地下室底板后浇带做法

补充完整。注意区分后浇带与变形缝的适用范围。

4）识读图 8-10 所示地面变形缝详图，理解变形缝的详细做法。

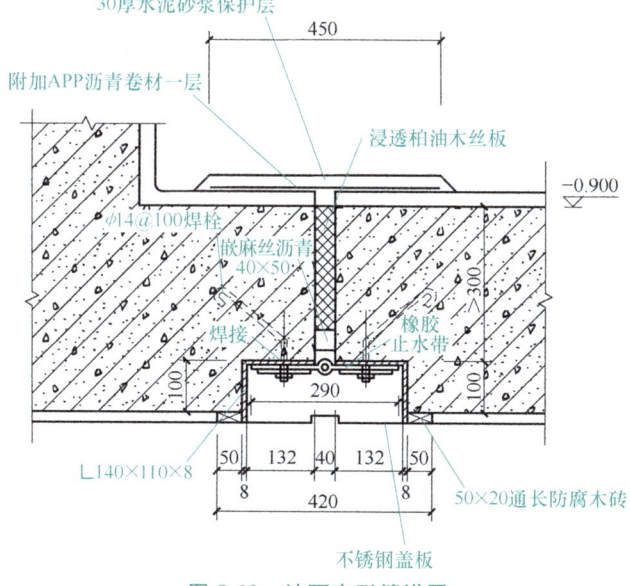

图 8-10 地面变形缝详图

5) 图 8-11 为可拆卸埋入式止水变形缝顶板详图，请结合所学知识进行识读。

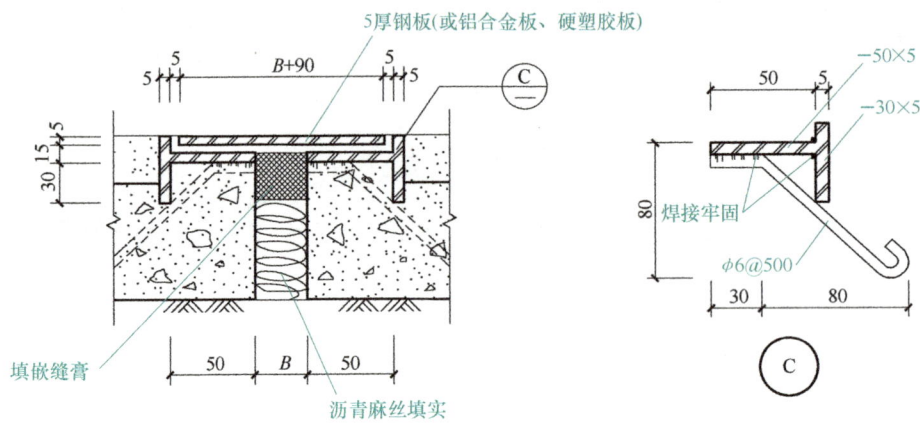

图 8-11 可拆卸埋入式止水变形缝顶板详图

单元小结

1）建筑变形缝的含义、作用、分类，以及后浇带的含义和作用。

2）变形缝分为三种类型，分别为伸缩缝、沉降缝、抗震缝，而这三种缝可以组合设置，组合后有不同的作用及特点。

3）每一种变形缝都可以分别从建筑和结构的角度来加以分析与理解，不同的建筑与结构做法代表着不同的功能。

4）随着高层大跨度钢筋混凝土结构的快速发展，原有的变形缝做法随着施工周期和一些具体的工程需求演化出了后浇带的做法。

思考与练习

一、填空题

1. 建筑变形缝分为_____、_____、_____三种形式。
2. _____从基础以上的墙体、楼板到屋顶全部断开。
3. 变形缝的作用为_____。

二、选择题

1. 关于变形缝的构造措施表述中，（　　）是不正确的。
   A. 当建筑物的长度或宽度超过一定限度时，要设伸缩缝
   B. 当建筑物竖向高度相差悬殊时，应设伸缩缝
   C. 在沉降缝处应将基础以上的墙体、楼板全部分开，基础可不分开
   D. 抗震缝可与伸缩缝合二为一，宽度按抗震缝宽度取值
2. 伸缩缝是为了预防（　　）对建筑物的不利影响而设置的。
   A. 地基不均匀沉降　　　　　　　B. 地震作用
   C. 温度变化　　　　　　　　　　D. 结构各部分的刚度变化较大

3. 15m 高框架结构房屋必须设沉降缝时，其最小宽度为（　　）。
A．50mm　　　　B．60mm　　　　C．70mm　　　　D．80mm

三、简答题

1. 影响建筑伸缩缝间距的因素是什么？
2. 各种变形缝的宽度根据什么条件确定？
3. 各种变形缝结构处理的不同之处具体体现在哪些方面？造成这些不同的原因是什么？
4. 简述后浇带的概念、作用。

参 考 文 献

［1］李伟珍，张煜，曹杰. 建筑构造［M］. 天津：天津大学出版社，2016.
［2］李元玲. 建筑制图与识图［M］. 2版. 北京：北京大学出版社，2016.
［3］郭学明. 装配式混凝土建筑构造与设计［M］. 北京：机械工业出版社，2018.
［4］王宝申. 装配式建筑建造基础知识［M］. 北京：中国建筑工业出版社，2018.
［5］杨维菊. 房屋建筑构造［M］. 北京：中国建筑工业出版社，2017.
［6］王万江，曾铁军. 房屋建筑学［M］. 重庆：重庆大学出版社，2017.
［7］肖芳. 建筑构造［M］. 北京：北京大学出版社，2016.
［8］聂洪达. 房屋建筑学［M］. 北京：北京大学出版社，2016.
［9］彭国. 房屋建筑构造［M］. 北京：北京邮电大学出版社，2018.